www.ingramcontent.com/pod-product-compliance
Lightning Source LLC
Chambersburg PA
CBHW021946120726
47992CB00001B/175

شَربة
الحاج داود

أحمد خالد توفيق

شَربة الحاج داود

مقالات عن العلم وشبه العلم

الكرمة

لمزيد من المعلومات عن الكرمة: www.facebook.com/alkarmabooks

توفيق، أحمد خالد.

شَربة الحاج داود: مقالات عن العلم وشبه العلم / أحمد خالد توفيق ـ القاهرة: الكرمة للنشر ٢٠١٥.

٢٤٠ ص؛ ٢٠ سم.

تدمك: 9789776467200

المقالات العربية.

أ ـ العنوان.

رقم الإيداع بدار الكتب المصرية: ٢٢٧٦١ / ٢٠١٤

١١ ١٣ ١٥ ١٧ ٢٠١٩ ١٨ ١٦ ١٤ ١٢

تصميم الغلاف: أحمد مراد

المحتويات

مقدمة

عرفت عدة أجيال «شَرْبة الحاج داود اللي بتطرد الدود»، وهي علاج سحري يداوي كل شيء تقريبًا، من الديدان حتى الأورام الخبيثة والعقم والصداع. هذا النوع من الطب يوجد في كل الحضارات تقريبًا، ونحن نعرف مشهد عربات الأطباء النصابين (quacks) التي تمر ببلدان الغرب الأمريكي، أو عطاري الصين الذين يطحنون عظام المومياوات ليصنعوا مساحيق ضد الصداع. برغم هذا فإن هناك إلى جانب شَرْبة الحاج داود مضادات حيوية وأدوية مناعة ولقاحات أفنى العديد من العلماء المحترمين أعمارهم كي يهدوها لنا.

هذا الكتاب يتحدث إذن عن العلم وشبه العلم ونصف العلم واللاعلم. بعضه انبهار بالعلم، وبعضه دهشة من كراهيتنا له وحساسيتنا المفرطة نحوه، وبعضه محاولة لفضح أساليب النصب في الطب وسواه. لاحظت أنني كتبت كثيرًا عن العملية التعليمية والمنطق العلمي وتاريخ الطب، وهي مقالات متناثرة بين جريدة «التحرير»، ومجلة «الشباب»، وموقع «بص وطل»، ومجلة «العربي»

الكويتية، وأماكن عديدة، لهذا خطر لي أن أجمع هذه المقالات في كتاب واحد. هذه رحلة أرجو أن تكون ممتعة في تاريخ الطب والأوبئة، وهوجة علاج التهاب الكبد، وهوجة إنفلونزا الخنازير أو ما أسميه «فتنة الخنازير»، وعالم الكمبيوتر والمتلصصين، وهؤلاء النصابين الذين لا يكفون عن البزوغ كالشموس المزيفة في ظلام الجهل المطبق علينا.

كتبت من قبل سلسلة مقالات عن النصابين واختراعاتهم العبقرية، كما كتبت عن طب الأعشاب، وهي مقالات مناسبة جدًّا لهذا المقام، لكنني نشرتها في كتاب آخر فلم أرَ نفعًا من إعادة نشرها هنا.

لو أردت أن تلخص ما يريد هذا الكتاب قوله، فهو أن التعليم هو أهم شيء. منه يبدأ الحل وإليه ينتهي. المدرس أعظم مهنة في الوجود.. أهم بما لا يقاس من مهن الطبيب والمهندس والكيميائي والضابط والمستشار، لأنه هو الذي يصنع هؤلاء جميعًا؛ لهذا آثرت أن أختتم الكتاب بمقال عن أستاذ عظيم كان يُدرس لي في المدرسة الإعدادية، هو الأستاذ محمد مزروع، كنموذج لجيل المدرسين الذين حملوا على عاتقهم النهوض بعقل هذه الأمة لمجرد أن هذا عملهم وهم يحبونه ويحبون أن يتقنوه، ثم تبدد جهدهم في ظروف غامضة معقدة.

أرجو أن يروق الكتاب لك وأن يدفعك للتفكير.

حكايات طبية

اجعلهم يمرضون

الكلاب تنبح في الطرقات، ولا صوت سوى صوت أقدامنا على الأسفلت.. بينما بدأ المطر ينهمر.. إنها الثالثة بعد منتصف الليل، وأنا ألهث لأن الشاب ـ ابن الحاجة عفاف ـ الذي يمشي بجواري يتمتع بلياقة عالية. في النهاية ندخل تلك الحارة المظلمة، لا يضيئها سوى مصباح واهن على باب بيت. فأر مذعور يركض جوار قدمي متواريًا، ثم نجتاز بابًا مفتوحًا.. كل شيء يشي بالموت ودنو لحظة الفراق الكئيبة.

كان هذا في الزمن الذي كنت أقوم فيه بفحوص منزلية، وهذا يعني أننا كنا في النصف الأول من تسعينيات القرن الماضي، وقد استُدعيت لهذا الكشف عن طريق مستوصف أعمل فيه. كنت أعيش وحيدًا وقتها، وليس هناك من يقلق لخروجي في ساعة كهذه أو يرتاب فيه، وحتى لو تم خطفي وذبحوني وألقوا جثتي للكلاب، فعلى الأرجح لن يلاحظ ذلك أحد.. الأهم أن اللصوص والسفاحين لا يلاحظون وجودي كذلك.

حشد من الأطفال المذعورين يحيطون بك، وفي داخل البيت الفقير متهالك الأثاث تتصاعد رائحة الدخان من عشرات اللفافات المشتعلة، وترى الوجوه المعتادة في أمور كهذه.. كلهم جاؤوا للدفن.. الأعمام والأخ، والحاج فلان ابن الحتة الجدع الذي لا يترك جيرانه في كارثة كهذه. لا بد من وجود لبيب كذلك.. لبيب صديق الأسرة الذي يعرف هذه الأمور، وهو من سيأتي بمن يقوم بالغسل ويبتاع الكفن. هناك دائمًا لبيب في كل أسرة، وعند المسلمين والمسيحيين سواء.

دخلت متوجسًا إلى غرفة نوم ضيقة بائسة لأجد تلك السيدة المسنة ـ الحاجة عفاف ـ في الفراش.. مريضة جدًّا كما هو واضح، لكنني لا أستطيع أن أضع يدي على شيء ما.. حاولت انتزاع أي كلمات منهم أو منها بلا جدوى. الفحص سليم تمامًا.. ضغط الدم أفضل مني.. الحرارة عادية.. التنفس منتظم.. جاؤوا لي بعينة من بولها في كوب زجاجي كي أفحصه بحثًا عن سكر أو «أسيتون». لا شيء. صحيح أنهم جاؤوا لي بعدها بمياه غازية على سبيل الضيافة، وقد وضعوا المياه الغازية في كوب مماثل لكوب البول تمامًا! لكنهم أناس طيبون ورقيقو الحال، لا شك في هذا.

في النهاية قالوا لي وهم يرتجفون إن الطبيب الفلاني أجرى لها فحصًا بالأشعة الصوتية، وقال إن هناك نسبة تليف في الكبد.. وقال آخر إن الأملاح عالية في دمها.

هكذا فهمت.. طلبت أشعة تلفزيونية أخرى، وجمعت حاجياتي لأنصرف مفكرًا في رحلة العودة المرعبة. سألوني عن أجري

فرفضت.. هي ليست مريضة وبالتالي أنا لم أفعل شيئًا.. في تلك الأيام كان المرء نقي النفس لا يقبل مالًا إلا إذا أنجز شيئًا ملموسًا.. طبعًا صرت اليوم رجلًا ناضجًا كالآخرين يسعده جدًّا المال الذي لا يستحقه.. فقط أريد الكثير منه لو أمكن.

فيما بعد عرفت أن الأشعة سليمة تمامًا كما توقعت.. وعرفت أن الحاجة العجوز نهضت ومارست حياتها بشكل طبيعي. لم تكن تلك الليلة هي الليلة كما يقول الغربيون.. لقد جعلها الأطباء تشعر بدنو نهايتها، ورقدت في الفراش تنتظر وهي سليمة.

فيما بعد رأيت من الأطباء من يرسل المريض ليجري تحليل صورة دم، ثم يعلن ـ قبل أن يرى التحليل ـ أن المريض مصاب بفقر دم، ويكتب له أقراص الحديد. هو كان ينوي عمل هذا من اللحظة الأولى، لكن لا بد من هذه الطقوس، وبرغم أن الحديد لا يناسب كل أنواع فقر الدم، بل إنه يؤذي بعض الأنواع. هناك الطبيب الذي يرسل المريض ليحلل نسبة حمض البوليك في الدم، ومهما كانت النتيجة يعتبر أن المريض مصاب بالنقرس، ويدخله في دائرة منع اللحوم والكبد والشاي والقهوة والتدخين.

اختبار «فيدال» اختبار قديم فاشل يقيس وجود البكتريا التي تسبب «حمى التيفود». لاحظ أن اسمها «حمى التيفود».. أي أن المريض يجب أن يكون محمومًا، ويجب أن يكون محمومًا منذ أسبوع على الأقل. لكن الأطباء يُجرون اختبار «فيدال» لأي مريض يشكو من أي شيء حتى لو كانت حرارته عادية.. تأتي النتيجة مرتفعة غالبًا

ولا قيمة لها على الإطلاق.. فيقول للمريض: «أنت مصاب بنسبة «تيفود» في الدم».

الآن لم يعد المريض شخصًا عاديًا. لقد صار «صاحِب عَيَا» وهو يمشي حاملًا الأبحاث قلقًا، يفكر كل ليلة في الرقم الذي وصلت له نسبة «التيفود» اليوم، ويتعاطى أطنانًا من المضادات الحيوية الغالية وهو ليس مريضًا أصلًا.

أستاذنا السكندري العظيم حلمي أباظة قال لنا ساخرًا: «مصر ليست مصابة بوباء «تيفود».. مصر مصابة بوباء «فيدال»!».

هناك موضة أخرى هي ما يسمونه اختبار بلهارسيا الدم، وهو اختبار لا قيمة له بدوره.. يخبرك فقط أن المريض أصيب ببلهارسيا يومًا ما، أي أنه موجب لدى كل من عاش في قرية، لكنه جلب ثروة طائلة للمختبرات.. وترى المريض يمشي مهمومًا كاسف البال يحمل مظروفًا سميكًا ويخبرك أنه مصاب ببلهارسيا الدم. طبعًا سوف يُجري أشعة تلفزيونية فيقال له إن هناك نسبة تليف في الكبد، ومن ثَمَّ يكتب وصيته ويبتاع كفنًا.

العيادات تلعب لعبة قاسية، هي أن تجعل الأصحاء يشعرون بأنهم مرضى جدًا.. ربما هي الحاجة للكسب والضغوط المادية الطاحنة، وربما هي الرغبة في أن يكون هناك «أكشن». أن يعيش المريض لحظات درامية قاسية إلى أن يقول له الطبيب باسمًا: «مبروك.. اختفت بلهارسيا الدم!».

اخلق مرضًا لا وجود له ثم عالج المريض منه.. للأسف هذه هي

قاعدة العمل لدى أطباء كثيرين. والمشكلة الأكبر أن هناك مرضى يحبون جدًّا أن يشعروا أنهم مرضى، وأن حالتهم خطرة، ويكرهون بجنون الطبيب الذي يخبرهم أنهم بخير. هؤلاء هم موضوع المقال القادم.

باثوفيليا

لا أدري إن كان هذا المصطلح موجودًا وتمت صياغته من قبل أم لا، لكنني قمت بتركيبه من لفظتين هما «باثو + فيليا» لأدل بذلك على حب المرض.

يصعب على الناس ـ وبعض الأطباء ـ أن يصدقوا أن هناك أشخاصًا يحبون المرض بجنون. هناك في الطب مرض اسمه «متلازمة منخاوزن»، والاسم نسبة للبارون «منخاوزن».. «أبو لمعة» الألماني.. أكبر كذاب في التاريخ. بالنسبة لمتلازمة «منخاوزن» فهي تسمى أحيانًا «إدمان المعطف الأبيض»، أو «إدمان المستشفيات». هنا يزور المريض المستشفى يوميًا تقريبًا ليحير الأطباء بمجموعة أمراض عجيبة تربكهم. هو يستمتع بهذا وبالشعور بأنه مريض جدًّا حير مرضه الأطباء. هناك في كتب الطب طرق عدة لتحديد المريض من هذا الطراز، وهو يقترب كثيرًا من مريض الهستيريا والمتمارض.. إنه كابوس الأطباء، ومن علامات المرض أن تجد ندوبًا قديمة لجراحات استكشافية

سابقة.. فالجراحون المرتبكون يضطرون كثيرًا لفتح هذا الصندوق ليعرفوا ما فيه.

عندما تخبر الشخص العادي بأن هناك من يحب المرض يضحك ساخرًا، ويقول الكلمة الشهيرة: «هو فيه حد بيحب يعيا؟».

بالفعل لا يوجد شخص يحب أن يمرض بداء عضال خطير. لا يوجد من يتمنى أن يصاب بالسرطان أو الفشل الكلوي على قدر علمي.. لكن فيما عدا ذلك فالإجابة هي: نعم.. نعم.

ولكن ما جدوى ادِّعاء المرض؟

ادعاء المرض يجعل المرء يظفر بالشفقة والعناية الزائدة.. ادعاء المرض يضفي عليه لمسة استشهاد لا شك فيها.. إنه رجل نبيل يتحامل على نفسه ويخفي آلامه عن الناس.. ثانيًا هو يرفع عنه المسؤوليات، من منطق أنه ليس على المريض حرج.. هناك ادعاء مرض مركب.. أي أن يتظاهر الرجل بأنه مريض نبيل يخفي مرضه عن الناس حتى لا يقلقوا! هكذا يقضي وقته في أداء تمثيلي مذهل.. يرسم الألم على وجهه ثم يخفيه لأن الآخرين يرونه. وينظر لك نظرات جانبية ويسبل عينيه بمعنى «لا تدعهم يعرفون أرجوك.. دعني أتألم في صمت!».

هناك من الناس من يضعك تحت انطباع دائم أنه مريض للأبد. لا تعرف هو مريض بأي شيء بالضبط. المهم أنه مريض وعليك ألا تتعبه ولا تجادله كثيرًا، حتى لو صفعك على وجهك، أو مد يده فأخرج ما معك من نقود. هناك من يتابع البرامج الطبية ويقول مع كل مقطع: «هذا أنا بالضبط!». تذكره أن المتكلم في التلفزيون

يناقش مرض سرطان القولون الناتج عن مرض الإيدز، فيكرر: «أنا بالضبط!».

عرفت صديقًا لي كلما وقع في مشكلة أعلن أنه ذاهب لإجراء بعض الفحوصات لأن رئته ليست على ما يرام، ويذرف الدموع ويعانق الجميع.. تنهار زوجته وتبكي ويبكي أطفاله بينما أنا أردد أنني لا أجد سببًا لهذا الفيلم العاطفي.. ما الهدف؟

يقوم بعمل أشعة على الصدر وعدة فحوصات، ويخبره الأطباء أنه لا توجد مشكلة. يخرج من عيادة الطبيب باكيًا فيعانق الجميع من جديد ويغفر لأعدائه.. ويرتمي في حضن زوجته ويرتجف.. بينما أردد أنا من جديد أنه لا توجد مشكلة أصلًا.. لكن أحدًا لا يستمع لي.. أبدو لهم سخيفًا جدًا ومدعيًا يتظاهر بالذكاء.

من ضمن «الباثوفيليا»، هناك المرضى الذين يعشقون الأدوية بجنون. إن للأدوية فتنة خاصة، والناس تعشقها.. كم من مرة تشاجر هذا المريض أو ذاك مع الطبيب لأنه يرغب في أن يكتب له المزيد من الفيتامين، برغم أن الفيتامين لا لزوم له إلا في حالات نادرة. وقد قال عالم أمريكي: «إن أعلى تركيز للفيتامينات موجود في شبكة مجاري المدينة، لأن أجسامنا تتخلص منها غالبًا باعتبارها زائدة!».

أراقب في هلع ذلك الرجل عاشق الدواء الذي يأخذ أدوية مضادة للتأكسد، لأن الأطباء يرون أنها مهمة، وأدوية تنشط الكبد، لأن هذا يؤثر في المزاج، و«أسبيرين» لسيولة الدم، ومشتقات عشب كذا الصيني لتحسين حالة الكبد، ومشتقات نبات كذا لتحسين حالة المخ.. هو كذلك لا يترك الطب الطبيعي في حاله. لا بد من كوب من

منقوع الأعشاب، وفصين من الثوم مع ملعقة عسل أبيض على الريق.
لا بأس بكوب من «اليوجورت» (الزبادي) عليه ملعقة من «الرَّدَّة».

تسأله عن المرض الذي يعالجه بكل هذه الأدوية، فيقول ببساطة إنه يتعاطى هذا كله كي لا يصاب بالمرض الذي أسأل عنه، وهو بالتالي لا يعرفه!

ابتلاع كل هذه الأدوية يعطيه لذة لا شك فيها، ويشعره بأنه شهيد.. شركات الأدوية تصنع أدوية كثيرة لا جدوى منها، وهكذا يشفى المريض عندما يكف عن تعاطيها.. أي أن هناك علاجًا مهمًّا اسمه التوقف عن العلاج.

«الباثوفيليا».. موضوع شديد التعقيد.. وأراه دليلًا واضحًا على عدم النضج، خاصة أن المدعي يتلذذ بجعل حياة من يحبونه جحيمًا.. وفي الغالب يصابون جميعًا بنوبات قلبية ويموتون، بينما يظل هو صامدًا كصخرة.

يجب على المرء أن يضع «الباثوفيليا» ضمن تشخيص أي مرض، ولكن عليه ألا يبالغ في ذلك. أذكر عندما كنت طبيب امتياز أن مريضًا تبدو عليه علامات الاضطراب النفسي والجنون جاء إلى الاستقبال العام يصف لي أعراضًا مبهمة، فطلبت منه أن يرقد على سرير الفحص. تدخل صديقي الطبيب وهو يوشك على الموت ضحكًا، وقال لي بالإنجليزية إن هذا المخبول يأتي كل ليلة ليقول نفس الكلام.

ـ اطرده

حاولت أن أفتح فمي لكن صاحبي كان كالعاصفة:

ـ هيه! لا تكن أبله.. ثق بكلامي.. إخص! يا لك من أحمق إذ تضيع وقتك مع هذا.. هلم.. صدقني! إخص!

وكتب للمريض أقراص فيتامين وطرده. بعد دقائق جاء الطبيب المقيم للأمراض الباطنية الدكتور حسام فايد ليسألنا بأدب عمن فحص هذا المريض.

ـ أي مريض؟

مريض الهبوط القلبي الذي سقط على الأرض مغشيًّا عليه بعد الخروج من عندنا! سقط عند قدمَي حسام فايد طبعًا. وأضاف الطبيب البارع:

ـ أنا أشتبه بوجود سدة رئوية.. لا بد من أن تدخل هذه الحالة العناية المركزة!

بحثت عن صديقي العبقري الذي يعرف كل شيء فلم أجده طبعًا! لمرة واحدة لم يكن المريض يمارس «الباثوفيليا» بل كان مريضًا وفي حالة خطرة فعلًا. هكذا يجب على الطبيب ألا يُفرِط أو يُفرِّط. وعلى المريض ألا يتسلى بادعاء المرض وخداع الطبيب لأن نتائج هذا وبيلة.

امرح مع الحميات النزفية!

الحمى الصفراء.. حمى الضنك.. حمى الوادي المتصدع.. حمى الكونغو والقرم... إيبولا.. «ماربورج».. «لاسا». هذه أسماء الضيوف الذين عرفهم العالم في سبعينيات القرن العشرين، الضيوف الذين جاؤوا ليبقوا، ويحتلوا الصفحات الأولى من الجرائد، ويعرفهم رجل الشارع. للدقة نقول إن أول ضيفين معروفان منذ زمن بعيد. هناك ضيوف أقل شهرة مثل فيروس «غابة كيازانور» وفيروس «غابة أومسك» وفيروس «خونين» و«ماتشوبو» و«هانتان»، إلخ. هذه هي الحميات النزفية الفيروسية (VHF).

تنتقل معظم الحميات النزفية عن طريق اللدغات.. لدغات البعوض أو لدغات القراد. بعضها ينتقل ببول القوارض.. بعضها ينتقل بكل طريقة ممكنة لدرجة أنها قد تنتقل لك من قراءة هذا المقال، ولو أرسلت رسالة بالإيميل للمريض فقد تصاب بالعدوى! أنا أمزح طبعًا لكنني أحاول أن أبين لك سهولة انتقالها.

معظم فترات حضانة هذه الحميات هي ٢-٦ أيام.. بعضها مثل

إيبولا يستغرق ٥ - ١٥ يومًا. تبدأ القصة بأعراض مبهمة من الصداع وآلام العضلات واحتقان غشاء العين، وكل ما من شأنه بأن يقنع الطبيب أن هذه حالة إنفلونزا. ثم تتطور الأمور للأسوأ.. غالبًا في اليوم الرابع تنفتح أبواب الجحيم وينزف المريض من كل مكان: من لثته.. من أنفه.. من أذنيه.. من جهازه الهضمي.. من جهازه البولي... يتحول إلى كيس دم مثقوب.. وسرعان ما يموت في الأسبوع الثاني. يعرف الأطباء أن تشخيص الأوبئة كلها يكون سهلًا جدًّا بعد فوات الأوان. أي بعدما يصير الوباء وباءً. عندما يرى الطبيب أول حالة إسهال في مجتمعه فهو لا يفكر في الكوليرا. الطبيب الذي يرى أول خراج في الفخذ في مجتمعه لا يفكر في الطاعون. هكذا يرى الطبيب أول حالة حمى نزفية فيفكر في الفشل الكبدي أو التيفوس أو ربما الطاعون... الطبيب المحظوظ فعلًا هو الذي يرى الحالات بعدما صارت وباء. يمكنه ـ ويمكن أي شخص ـ التشخيص بسهولة وعن بُعد!

المشكلة الكامنة في الفيروسات النزفية كلها هي عدم وجود مضاد حيوي فعال، وإن استجاب بعضها لبعض العقاقير، كما أنه لا يوجد لقاح سوى للحمى الصفراء وحمى الوادي المتصدع.

عندما نتحدث عن الحميات النزفية، فنحن نتحدث عن تاريخ طويل وعن حكايات أقرب للخيال، بدءًا بـ«والتر ريد» وجنوده الشجعان الذين يطاردون وباء الحمى الصفراء في أحراش كوبا، وكيف كانوا يجعلون المتطوعين يتعرضون للدغات البعوض، وفي النهاية قرر «والتر ريد» أن ما عرفه غير كافٍ ما لم يُصَب هو نفسه بالوباء!

عندما نتحدث عن الحميات النزفية، فنحن نتحدث عن مقاطعة «ماربورج» الألمانية التي اجتاحها الوباء الرهيب عن طريق قردين جُلِبا لمختبر في أفريقيا. نتحدث عن الراهبة التي اقتطفت زهرة فأدمتها شوكة في أصابعها، وسرعان ما أصيبت بوباء نزفي شديد الوطء فتك بها و انتقل لكل من كان حولها. نتحدث عن نهر «الإيبولا» في الكونغو الذي اكتشف عنده «بيتر بيوت» ذلك الفيروس وأطلق عليه اسم النهر.

عندما نتحدث عن الحميات النزفية، فنحن نتحدث عن حمى «لاسا» النزفية، المرض المتوطن في غرب أفريقيا الذي يقتل ستة آلاف شخص كل عام. اسم «لاسا» نفسه مشتق من اسم بلدة في نيجيريا حيث وصف المرض أول مرة عام ١٩٦٩.. لكن المرض شبه متوطن في سيراليون وينتقل ببول الفئران الذي يلوث الحبوب.

عندما نتحدث عن الحميات النزفية، فنحن نتحدث عن «أنيرو كونتيه».. طبيب سيراليون العظيم الباسل الذي نذر حياته لدراسة حمى «لاسا» التي تقتل شعبه، والذي صار خبير «اللاسا» العالمي، وحده وبلا إمكانيات ووسط نيران الحرب الأهلية، حقق نتائج مذهلة. ظل هناك في مستشفى «كينما».. أنشأ أول غرفة لعزل مرضى «لاسا» في العالم، وظل يعمل، وهو يلاحظ زيادة أعداد الفئران أثناء الحرب، وبالتالي تفاقم وباء «لاسا». بعد الحرب سافر لدول كثيرة يحاضر ويعلم العالم كله أسرار هذا الفيروس اللعين. وقد كُتب عليه أن يموت بذات الداء.

كان في سيراليون يسحب الدم من ساعد مريضة بداء «لاسا»، فثقب يده هو. مات بعد ٢٠ يومًا من وخزة الإبرة.. وقد بكته سيراليون كلها.

نعرف اليوم أن حمى «لاسا» تستجيب لعقار «ريبافيرين» الوريدي بشرط أن يُعطى في وقت مبكر.. للأسف لم يكن «أنيرو كونتيه» من المحظوظين الذين استجابوا لهذا العلاج.

عندما نتحدث عن الحميات النزفية، فنحن نتحدث عن فيروس إيبولا المخيف الذي يشبه الخيط. الفيروس الذي حلم به الجميع كسلاح بيولوجي قوي، وفي أكثر من سيناريو إرهابي حلموا باستخدامه عن طريق انتحاري يصاب بالفيروس ويدخل الولايات المتحدة.. في فترة الحضانة ليس الفيروس معديًا، لكنه بعد هذا يسبب ما يشبه الإنفلونزا.. يمكن لهذا الانتحاري أن يدخل أكثر من دار سينما، وينام مع أكثر من غانية، ويأكل في أكثر من مطعم. وفي النهاية تكتشف الولايات المتحدة أنها على شفا الهاوية.

لم نحتج لهذا السيناريو المخيف، لأن الفيروس اجتاح غرب أفريقيا مؤخرًا.. اجتاح غينيا وليبيريا وساحل العاج ونيجيريا في هجمة شرسة غير مسبوقة. ومنظمة الصحة العالمية لا تكف عن تكرار: «لقد خسرنا الحرب!». قيل إن فيروس إيبولا جاء عن طريق وطواط، والوطواط نقل الفيروس لطفل عمره عامان في غينيا. ولما مات الطفل وأمه أصيب كل مُشيعي الجنازة بالعدوى! لاحظ أن القرية التي ظهر الوباء فيها تحيط بها مستعمرات الوطاويط.. وحساء الوطاويط محبب جدًا في ريف غرب أفريقيا!

لا يوجد علاج لفيروس «إيبولا» سوى العلاج العرضي، لكن هناك سياسة قديمة تقوم على استعمال مصل من دم الذين شفوا من المرض، باعتباره يحوي كمية كبيرة من الأجسام المضادة.

شركة «ماب فارما» قامت بتخليق أجسام مضادة وحيدة المستعمرة (monoclonal antibodies) وقامت بتجربتها على القِرَدة فكان نجاحًا عظيمًا. مع تفاقم الوباء لم تجد الشركة وقتًا لاستكمال طقوس تجربة دواء جديد واستعملت عقار «زيماب» ـ كما أطلقت عليه ـ مع البشر فعلًا، وكان أول من جربت عليه مواطنين أمريكيين. هذا هو الأمل الوحيد للبشرية حاليًا.

عندما نتحدث عن الحميات النزفية، فنحن نتحدث عن الدرس القاسي والصفعة التي تنهال في كل مرة على غرورنا. الإنسان ضعيف جدًّا، وبوسع كائن حي لا يُرى بأقوى مجهر أن يحيله إلى جثة، أو يُنهي حضارته بالكامل.

خواطر قلاعية

صديقي كان من المولعين بالرياضة البدنية، لذا كان يذهب للتدريب في نادي السكة الحديد بطنطا.. علامَ يتدرب في نادي السكة الحديد؟ على رفع الحديد طبعًا.. ظننت هذا واضحًا. وكان يذهب هناك يوميًّا، ثم يخرج ليجد تلك المرأة التي تجلس خلف قفص مقلوب، تبيع شطائر اللحم المتراصة عليه.. يؤكد لي أن الشطيرة كانت توشك على الانفجار بما فيها من لحم وثمنها ـ عام ١٩٨١ ـ هو قرشان! لا تتحدث عن التضخم هنا، فمبلغ قرشين كان تافهًا جدًّا حتى في ذلك الوقت.. كان يبتاع شطيرتين يأكلهما بعد التدريب لتعويض ما فقده من بروتين، ثم يعود للبيت سعيدًا.

مر عامان على هذا الروتين المحبب، ثم كان ذات يوم يمشي عند ترعة القاصد، عندما وجد نفس المرأة وزوجها، وقد انتشلا جثة حمار ميت من الترعة، وراحا «يُشفِّيان» منها اللحم! إذن نحن لا نتكلم عن لحم حمير بل عن لحم حمير نافقة!

برغم هذا يقول صديقي إنه ليس نادمًا على شيء، وإنه يعرف أننا

نأكل أسوأ من هذا مرارًا دون أن ندري.. على الأقل هو قضى عامين ينعم بشطائر محشوة باللحم بثمن زهيد! توفي هذا الصديق فيما بعد إلى رحمة الله، لكن ـ صدقني ـ لم يكن اللحم هو السبب.

لسبب ما تذكرت هذه القصة يوم الثلاثاء الشهير الذي توقف فيه المرور في طنطا تمامًا.. تحولت طنطا إلى موقف كبير لا تتحرك فيه أي سيارة، وعرفنا أن السبب هو الفلاحون الذين توفيت مواشيهم بالحمى القلاعية. لقد ضربت الحمى القلاعية طنطا بعنف، وقيل إن العدد تجاوز ٨٠٠٠ رأس. بالذات في قريتَيْ إبشواي الملق بمركز قطور وميت غزال بمركز السنطة.

حمل الفلاحون جثث مواشيهم وألقوها في شارع البحر أمام المحافظة، طالبين التعويضات.. شارع البحر هو الشريان الوحيد المتدفق في طنطا، ومعنى أن يتوقف هو موت البلدة تمامًا.. ثقافة الاحتجاج في مصر ـ إن كانت له ثقافة ـ تتلخص في عبارة واحدة: «اقطع الطريق على أولاد الـ...!».

كان الموقف مريعًا والحادث مفجعًا، لكني تساءلت في قلق عن مصير جثث هذه الحيوانات النافقة. ما كنت لأقلق لو كنت في أي بلد آخر، لكن خبرتنا طيلة أعوام «البؤس ـ الجشع» مع مبارك علمتنا أن هذه الجثث لن تدفن أو تحرق ببساطة.. هناك أكثر من جيب سيمتلئ بالمال في الأيام القادمة.. أما عن صحتنا معشر المستهلكين فلا أعتقد أن التهام لحم الحمير الميتة لمدة عامين قد آذى صديقي كثيرًا.. ولم يَخِب ظني طويلًا بعد ضبط جزار في المحلة يبيع اللحوم النافقة بـ٣٢ جنيهًا للكيلو.. هذا مواطني الحبيب يصنع ما توقعته منه بالضبط.

لاحظ أنني قَلِقٌ بسبب احتمال التهام حيوانات نافقة، أما الحمى القلاعية نفسها فمن الممكن اتقاء خطرها ما دمت ستطهو اللحم جيدًا، ويا سلام لو استغنيت عن أجزاء معينة مثل القلب والكبد والنخاع والمخ.. لكن الناس لا تعرف ذلك على كل حال، ولن تطمئن لشراء اللحم لفترة طويلة.

هكذا مررت على الجزارين لأجد على وجوههم لوحة بليغة اسمها «الكساد». الكل يجلس واضعًا يده على خده، وهو يدخن الشيشة وينتظر الفرج.. لا أحمل نحوهم أي تعاطف فلطالما امتصوا دماءنا من قبل، وقد فشلنا نحن في تنظيم أي مقاطعة للحوم تقلل من سعرها قليلًا.. الآن جاءت المقاطعة لأسباب ربانية، لكني بالتأكيد مشفق بشدة على الفلاح نفسه.. الفلاح الذي لا يملك مصدر رزق سوى البقرة أو الجاموسة.. من كان من الريف يعرف جيدًا أن البقرة تعني للفلاح ما هو أكبر بكثير من قيمتها الاقتصادية. إنها تعني الخير والرزق والستر والاطمئنان للغد، وفقدها كارثة كونية بالنسبة للفلاح.

حمى القلاع مرض قديم يعرفه الفلاح المصري جيدًا.. ليس جديدًا والله العظيم. ولقد حضرت ندوة بديعة عنه منذ ستة أعوام عندما انتشر في مصر وقتها، وكان الخبر اليقين لدى مجموعة ممتازة من أساتذة كلية الزراعة الذين أخبرونا بالكثير مما لم نكن نعرفه من قبل. اسم القلاع يتعلق بالشقوق التي تحيط بفم البهيمة كأنها الطين الجاف المتشقق.. هذا هو الاسم العربي، أما الاسم الغربي فمعناه «داء الفم والحافر (HMD)». هنا يوجد خلط مع مرض يصيب البشر اسمه «مرض اليد والقدم والفم»، وهو مرض يسببه فيروس «كوكزاكي»..

هذا الخلط هو ما يشيع الوهم الشهير أن مرض المواشي يصيب البشر. سمعت أستاذًا في الأمراض المعدية يقع في ذات الخطأ، ويحسب أن حمى القلاع ناجمة عن فيروس «كوكزاكي».

إن حمى القلاع التي تصيب الماشية تنجم عن فيروس آخر اسمه «بيكورنا».. ومن أنواع هذا الفيروس «سات ١» و«سات ٢» و«سات ٣» التي صرنا نقرأ أسماءها في كل الصحف. وتنتقل العدوى بالهواء، ورذاذ العطس واللعاب واللبن وإفرازات الحيوانات المريضة. عندما تصيب الحمى الماشية تسبب تلك الحويصلات المؤلمة في الفم والحوافر والضرع والمهبل ومنبت القرون.. بعد فترة تنفجر الحويصلات وتتلوث ويصير التهام الطعام مستحيلًا على الماشية.. الفلاح المصري تعلَّم أن يُعنى بالحيوان وينظف هذه القروح ويدهنها بالعسل، فإذا مرت الفترة الحرجة استعاد الحيوان صحته وعاد للأكل. لكن المرض خطر فعلًا مع العجول حيث يصل معدل الوفيات إلى ٥٠ -٧٠٪، لأن الفيروس يهاجم عضلة قلبها... كارثة اقتصادية بالمعنى الحرفي.. هذا طوفان «تسونامي» مرعب لأن ثمن رأس الماشية ٢٠ ألفًا، بينما العجل ثمنه خمسة آلاف. إبشواي الملق تتوقع كذلك كارثة بيئية بسبب الجثث الملقاة في المصارف.

الفلاحون يؤمنون أن الأطباء البيطريين لصوص، ويقومون بسرقة اللقاح لبيعه لمن يدفع. في الحقيقة هذا غير صحيح برغم أنه تفسير مغرٍ.. الفكرة هنا هي نفس مشكلة الإنفلونزا والفيروس «سي».. إن الفيروسات تغير نفسها بلا توقف، لهذا تصير لقاحات الأمس بلا جدوى اليوم وغدًا.. لقد ظهرت سلالة جديدة غير معتادة هي

«سات ٢» كما أكد معهد بحوث صحة الحيوان المصري، ولكن هذا الخبر لن يتأكد إلا لدى وصول العينات إلى لندن بعد أيام! عندما صور محمد كريم أول مشهد ملون في السينما المصرية (أغنية «عمري ما حانسى يوم الاتنين» في فيلم «لستُ مَلاكًا») كان يرسل الأفلام يوميًا إلى معامل «دنهام» في لندن للتحميض.. وذلك على متن أي طائرة ذاهبة للندن في اليوم نفسه. لم أعرف أن الحياة ازدادت تعقيدًا بهذا الشكل بحيث صار على وباء بهذا الحجم أن ينتظر أسبوعًا.

هناك من اتهم الفلول بأنهم استوردوا أبقارًا مريضة من إثيوبيا وهي التي نشرت المرض.. على قدر علمي هذا أول اتهام للفلول بأنهم يمارسون الحرب البيولوجية.

سوف تمر هذه الغمة وينحسر الوباء مع ارتفاع حرارة الجو، برغم أنه في ذروته الآن (ذكرت الصحف أن المعدل خمسة آلاف رأس يوميًا، وعلى فكرة هناك تضارب أرقام مروع.. فكل صحيفة لها أرقامها). طبعًا سوف تطير رؤوس أطباء بيطريين كثيرين أبرياء ومهملين لأن نار الغضب تطالب بقرابين بشرية. لا بد من السيطرة على حالة الذعر التي أصابت الناس لاقتناعهم بأن المرض ينتقل للبشر.. يجب أن يتم تعويض هؤلاء البؤساء الذين فقدوا الضمان الوحيد للغد، ويجب التأكد من أن المواشي النافقة لن تجد طريقها للجزارين كما هو متوقع.. وحتى ذلك الحين لا تشترِ لحمًا.. ليس الذعر هو السبب، ولكن لأنها فرصة ربانية للمقاطعة.. وبالطبع لا تلتهم أي شطيرة لحم مليئة ثمنها قرشان!

وفاة فيروس

لا أشعر أن مشكلة فيروس «كورونا» خطيرة لهذا الحد إذا وصل إلى مصر.. والسبب سأشرحه حالًا.

هناك درجة معينة من سوء الأحوال الاقتصادية قد تحميك من الأخطار. الأطفال الأفارقة تختزن أجسامهم «الأفلاتوكسين» ـ سم الفطريات ـ في صورة غير سامة في البداية. تحتاج هذه المادة إلى بروتين كي تعطينا السميَّة الكاملة. هذا لا يحدث بسبب سوء التغذية وقلة البروتين. عندما تتحسن الأمور نوعًا ما ويأكل الصبي اللحم، ينشط «الأفلاتوكسين» ويحدث سرطان الكبد! هكذا تجد أن الجوع يحمي الأطفال السود من سرطان الكبد، فهل يحمينا جو مصر من الفيروس؟ يمكننا تخيل ما حدث.

عندما وصل «الكورونا» إلى مصر كان يحمل هذا الاسم المخيف «MERS-CO» ومعناه «المتلازمة التنفسية الخاصة بالشرق الأوسط الناجمة عن فيروس «كورونا»». هبط من الطائرة، وهو يتحسس شاربه في ثقة كما يفعل «مستر إكس» في الأفلام.. غدًا سوف يغزو البلاد،

وسوف تمتلئ عنابر المستشفيات. هل تذكر «السارس» (SARS) الذي ارتجفنا من هوله منذ أعوام، والذي فتك بمكتشفه الطبيب الإيطالي «كارلو أورباني»؟ إن فيروس «السارس» هو أخو فيروس «الكورونا» مع اختلاف بسيط. بل إنه يتذكر أوبئة الإنفلونزا الشهيرة. وباء ١٩١٧ مثلًا الذي لم يترك مخلوقًا على ظهر الأرض إلا وأصابه، وقد دفنت قرى كاملة تحت الثلوج بعدما مات كل أهلها.

كان فيروس «الكورونا» يأمل أن يكرر هذه الأمجاد عندما وصل إلى مصر، خاصة أن الكثافة السكانية العالية والتكدس يسمحان له بالبقاء والتكاثر للأبد.

من البداية كانت العملية صعبة. إن عبور الطريق بالنسبة لفيروس مسالم عملية شبه مستحيلة وسط أزمة المرور المستعصية والميكروباصات المجنونة، وعندما حاول أن يستعمل أحد سائقي السيارات كوعاء فإنه فوجئ بأن السيارات لا تتحرك بتاتًا.. هذا موقف سيارات كبير بحجم مدينة.

لاحظ أشياء عديدة في جسم من حاول أن يصيبهم.. هناك الكثير جدًا من دخان العادم ودخان السجائر ودخان الشيشة والغاز المسيل للدموع.. هؤلاء القوم يتنفسون دخانًا لا هواء، والجو ملوث بشكل لا يوصف.. لقد أصيب الفيروس بالربو ولم يعد يستطيع التقاط أنفاسه.. يحتاج لجلسة استنشاق.

عندما حاول أن يتسرب إلى دم هؤلاء، وجد أنهم يعانون فقر الدم بشكل أو آخر.. هذا دم لا يسمح بتكاثر فيروس مكتمل العافية مفعم بالفحولة. هناك نسبة عالية من مادة «ترامادول» كذلك.. وهذا جعله

يترنح وبدأ يصيح: «إخص ع الصرصار اللي في الملوخية!». كان في حالة غريبة من الصهللة والرغبة في إحداث صخب وإزعاج.. ما لا يعرفه أن هذا «ترامادول» صيني مغشوش مما يمسح المخ مسحًا.. أي أن المخدرات القاتلة يتم غشها بمواد أكثر فتكًا!

فوجئ بفيروس آخر من أسرة «RNA» يمسك به.. يأخذه مقص حرامية ثم يطعنه بمطواة قرن الغزال في وجهه، ويطالبه بأن يدفع إتاوة أو أرضية.. عندما تتسلل لكبد يعبث فيه الفيروس «سي» فعليك أن تحمي نفسك. فيروس «سي» موجود هنا منذ زمن، ويشكل أعلى نسبة له في العالم، وقد تعلم أن يتكيف مع كل شيء، وتعلم أساليب البلطجة والفتونة. عليك أن تدفع له ثمن تواجدك هنا وإلا فلتبحث عن مكان آخر تعمل فيه. هناك أقاويل عن جهاز سوف يتخلص من هذا الفيروس، ومعه الإيدز وسواهما ويحولها لصباع كفتة يتغذى به المريض، وهذا يفترض أن وزن الفيروس ٥ كيلوجرامات مشفِّية.. لكن «الكورونا» ليس مؤهلًا لفهم هذه التفاصيل العلمية على كل حال.

لقد تعلم «الكورونا» أشياء كثيرة في مصر؛ منها أن الملاريا فيروس.. كان يعتقد أن الملاريا حيوان وحيد الخلية (protozoon) وهذا يتعلمه أي طفل في الصف الثاني الإعدادي، لكنه اكتشف أن هذا غير صحيح كما قال مبتكر جهاز التشخيص.. الملاريا فيروس مثله، ولعله يكتشف فيما بعد أنه ـ أعني «الكورونا» ـ دكر بط.

حاول أن يحتمي في أعلى الجهاز الهضمي، لكنه فوجئ بكميات من اللبن المخلوط بالسيراميك واللحم منتهي الصلاحية، والزيتون

الأسود المطلي بالورنيش، والجبن المحفوظ بالفورمالين. ثم غرق في بركة من ماء المجاري العطن.. عرف أنها مياه معدنية ابتاعها صاحب الجسد ليشرب ماء نقيًّا، غير عالمٍ أنها مملوءة من الحنفية.

فجأة ساد حر رهيب، وارتفعت الحرارة إلى حد غير مسبوق.. بعد هذا أدرك الفيروس البائس أن الأمر يتكرر خمس مرات يوميًّا.. الحرارة ٤٢ مئوية والكهرباء تنقطع لخفض الأحمال فلا مراوح ولا أجهزة تكييف. هذه مشكلة لم يجد أحد حلها، وتبادلت كل الحكومات الاتهامات بشأنها.. قالوا أيام الرئيس السابق محمد مرسي إنه يُصدِّر الكهرباء لغزة، ثم ظهرت المشكلة بنفس العنف بعد الإطاحة بمرسي، وقيل إنها بسبب نقص الغاز أو عطل في المحولات أو مؤامرة أو لعبة سياسية.. لا أحد يفهم وبالتالي لا أحد يعرف كيف يحل المشكلة.. المهم أن الفيروس لا يستطيع أن يتحمل هذه الظروف.

تسلل إلى دورة مياه عمومية فراح يفرغ أحشاءه من القرف.. المنظر لا يوصف والرائحة ألعن.. مشى للباب مترنحًا لكن الرؤى تداخلت، وبدأت أشياء تكبر وتصغر أمام عينه وظهرت بقعة سوداء في مركز الرؤية.

بعد قليل عرف أن وعيه ينسحب.. الحياة تتسرب منه.. سقط.. لقد قضت مصر على الفيروس.

كما ترى أنا مطمئن.. هذا الفيروس الرقيق الواهن سوف يصاب بالتسمم ويموت، فلا مكان له في مصر.. لا داعي للقلق.

حكايات النوم

سمعت الكثير من حكايات ما قبل النوم، لكني على قدر علمي لم أسمع حكايات النوم نفسه من قبل. سأعترف لك أنني أحب النوم وأحترمه كفن راقٍ، لكني لم أمارسه ببراعة قط.. أعرف أشخاصًا ينامون وهم يستكملون كلامهم معك، ومن ينامون بمجرد أن يميل رأسهم بزاوية أقل من ٩٠ درجة. يعني لو صارت الزاوية ٨٨ درجة لتعالى شخيرهم باعتبارهم في وضع مناسب للنوم. كان هناك لغم دبابات ألماني يعمل بهذه الطريقة. هؤلاء هم أنقياء الضمير الأطهار، وهم يختلفون كلية عن الأوغاد مثقلي الضمير مثلي على ما يبدو.

تعلمت دومًا منذ طفولتي أن أهاب ساعات الليل، لأنها تحمل الأرق والشعور بالوحدة وسط الآخرين الذين يجيدون فن النوم ويتعالى شخيرهم.. أنا مختلف.. هكذا تقول لي ساعات الوحدة القلقة في الظلام. دعك من أنني من البؤساء الذين يراقبون عملية النوم ويتربصون بقدومه، والنوم فراشة لا تهبط على كفك أبدًا إلا عندما تغفل عنها. مهما كنت مرهقًا أو محتاجًا إلى النوم فمن المستحيل

أن يتم الأمر بسلاسة، وبما أنني ضمن العصابيين بامتياز، فإن ثنية واحدة في الملاءة تكفي لتجعل حياتي جحيمًا. تتمنى أن تتعلم شيئًا من القطط، والقطط كما تعلم خبيرة نوم متخصصة فيه، وتعرف كيف تنعم بكل ثانية منه، ثم تنهض وتتمطى وتصحو مفعمة بالنشاط، بينما تصحو أنت من النوم كأنما مرت على جسدك دبابة «بانزر».

تعلمت التعامل مع المنومات منذ وقت قريب جدًّا، ولكن المشكلة هي أنك ستجدها حلًّا بارعًا سهلًا، ولن تنام بعدها تلقائيًّا أبدًا. لفترة تحمس الناس لـ«الميلاتونين» الذي يفرزه الجسم الصنوبري، وعرفنا أن أساتذة اليوجا الهنود يبدأون يومهم بشرب كوب من بولهم، لأنه يحوي تركيزًا هائلًا من «الميلاتونين»، وهي مادة قادرة على ضبط إيقاع النوم والوصول إلى حالة «النيرفانا». كلنا تناسينا موضوع البول هذا وأخذنا أقراص «الميلاتونين» ليلًا، وصحونا شاعرين بأننا كنا في خلاط أسمنت. لو كانت هذه هي «النيرفانا» فلتذهب للجحيم.

عرفتُ امرأة كانت تقول لي إنها كلما شعرت بالأرق نهضت لتتناول لقمة خبز كبيرة.. تتوقف اللقمة في بلعومها فتختنق ويرتفع ثاني أكسيد الكربون في دمها.. وهكذا تنعم بالنوم في كل ليلة! هناك طريقة عد الغنم في الظلام، وهي طريقة لم تفلح معي قط، لأنني كنت أتخيل شكل الغنم وشكل القرون وشكل الحاجز بدقة بالغة.. النتيجة هي توتر مفرط.

منذ أعوام لم نكن نسمع عن توقف التنفس أثناء النوم (sleep apnoea)، ثم اخترع الأطباء هذا المرض كما اخترعوا السرطان والإيدز، وصار

هناك مختبر نوم، وعرفنا هذه الكارثة التي تصيب أشخاصًا كثيرين، وبصفة خاصة البدينين والمدخنين. هذا البائس يصحو من نومه مذعورًا عشرات المرات أثناء النوم لأن نَفَسه قد انقطع، ثم يعاود النوم. الفكرة هي أنه لا يذكر هذا عندما يصحو صباحًا، لكنه يعاني كل أعراض الانقطاع عن النوم، فرأسه يوشك على أن ينفجر من الصداع، وهو يشعر بخمول شديد وغالبًا ما يفسر هذا بالاكتئاب أو تأثير أم العيال النكدية.. سوف يحاول تذكر اسم ابن خالته لكنه عاجز عن هذا. طبعًا قيادة سيارة في حالة كهذه معناها حادث يُنتظر أن يحدث. كل اضطرابات النوم والساعة الداخلية تقود لحوادث.. لاحظوا في الغرب أن تقديم الساعة (كما في المواعيد الصيفية) يضاعف حوادث المرور لمدة ٣ أيام تالية.

لاحظت أن معظم المصابين بمرض توقف التنفس أثناء النوم يعانون ارتفاع ضغط الدم والبدانة.

في قصة الجاسوسية الممتعة «٣٦ ساعة» التي كتبها «روآلد دال»، يقوم النازيون بتعذيب العميل الأمريكي «بايك» عن طريق حرمانه من النوم. هناك جندي يقف جواره ويركله أو يضربه أو يسكب ماء باردًا عليه كلما أوشك على النوم. النتيجة هي أن العميل يدخل في حالة معقدة بين النوم واليقظة (hypnagogia) فلا يعرف إن كان ما يدور حوله حقيقيًا أم خرافة. يصير مستعدًا للاعتراف بأي شيء.

منذ عام ٢٠١٠ انتشرت قصة مخيفة على شبكة الإنترنت تحكي عن تجربة مماثلة قام بها السوفييت، ولا شك أنك تعرفها من الفيس بوك لأنها منتشرة بين الشباب جدًا. نظرًا لسمك الستار الحديدي وولع السوفييت بالغموض، فإنه من السهل أن تصدق أي

شيء. تحكي القصة عن قيام الباحثين السوفييت عام ١٩٤٠ ـ في ذروة الحرب العالمية الثانية ـ بإبقاء خمسة سجناء متيقظين لمدة ١٥ يومًا، وذلك عن طريق غاز منبه معين اسمه «غاز نيكولاييف». لم تكن هناك دوائر كاميرا مغلقة، لذا كان التفاهم يتم معهم عن طريق الميكروفون وعبر زجاج النافذة السميك. في الغرفة كان كل ما يلزم للحياة لمدة شهر، من كتب وماء وطعام، لكن لا أَسِرَّة.

مضت التجربة في سلام أول خمسة أيام، وطبعًا كان الخمسة سجناء حرب. لا يمكن أن تتخيل أن يتطوع أحدهم لهذا الخبال. بعد خمسة أيام بدأ السجناء يتكلمون عن الظروف القاسية التي قادتهم لهذا الوضع.. بدأت أعراض «البارانويا»، وبدأ كل منهم يهمس في الميكروفون عارضًا الاعتراف على زملائه.

بعد تسعة أيام بدأ الصراخ من أحدهم.. ظل يصرخ من أعماق قلبه ثلاث ساعات حتى مزق أحباله الصوتية.. المرعب ليس الصراخ، بل كون أي واحد من رفاقه لم يبالِ بما يحدث كأنهم لم يسمعوا. راحوا يمزقون الكتب ويلوثونها ببرازهم ثم يلصقونها على فتحات الغاز. في اليوم الرابع عشر لم يعد السجناء يستجيبون.. وبرغم النداء المتكرر عليهم في «الإنتركوم». هكذا اضطر مصممو التجربة إلى دخول الغرفة، بعدما هددوا السجناء بالقتل لو حاولوا الهرب. كانت النتيجة هي أن صوتًا هادئًا رد على التهديد: «لا نريد الخروج من هنا».

تم اقتحام الغرفة وضخوا فيها الهواء النقي وطردوا الغاز.. لكنهم سمعوا السجناء يتوسلون كي يبقى الغاز في الغرفة. فوجئ الجنود بأن

هناك أربعة سجناء أحياء من خمسة.. ليسوا أحياء بالمعنى الحرفي للكلمة. لقد انتزعوا بعض قطع لحم الميت وسدوا بها البالوعة، فارتفع الماء الدامي في أرض الزنزانة. كان معظم الناجين يعانون من تمزق قِطع لحم من أفخاذهم وأذرعهم. واضح أن معظم هذه الجروح تمت بأصابعهم هم. أي أن كل واحد مزق لحمه بنفسه. تمضي القصة أكثر لتزعم أن الضلوع والرئتين كانت ظاهرة لدى الأربعة، وكذلك أعضاء ما تحت الحجاب الحاجز. من الواضح أنهم كانوا يتغذون على لحمهم الخاص. من الغريب أن السجناء قاوموا بشدة محاولات أخذهم من الغرفة، وانتزعوا حنجرة جندي سوفيتي وشريان فخذ جندي آخر.. لقد كانت التجربة قاسية على الجنود أنفسهم لدرجة أن خمسة منهم انتحروا في الأسابيع التالية. أما عن السجناء الباقين فقد نقلوا لمصحة نفسية وهم لا يكفون عن طلب الغاز، وكانت هناك استحالة في تخديرهم لإجراء جراحة.. لم يستجيبوا للمخدر بأي شكل، وأحدهم مزق الحزام الذي يربطه لمنضدة الجراحة. أحد المرضى راح يضحك أثناء الجراحة لدرجة أن الجراح لم يستطع العمل. كان السجناء يرغبون في مزيد من الغاز ليظلوا متيقظين. للقصة نهاية درامية حول أحد العلماء الذي قتل السجناء رحمة بهم، ثم قتل القائد السوفيتي، بعدما ألقى أحد السجناء كلمة بليغة حول: «أنت تتساءل من نحن.. أنت تخشانا لأننا الجنون الكامن فيك والذي يحاول أن يخرج...»، إلخ.

هذه الخطبة الأخيرة كانت كافية لتهدم مصداقية القصة لديَّ. جوُّها مسرحي أكثر مما ينبغي.

قالت مواقع التدقيق في الخرافات إن هذه القصة خيالية نشرها موقع مختص بالقصص الغريبة اسمه «كريبي باستا»، ويقال إن مؤلفها يسمي نفسه «صودا البرتقال». سرعان ما تتسرب هذه القصص الخرافية لتصير أخبارًا يعتقد الناس أنها حقيقية.. بل هم يرغبون في أن تكون حقيقية.

على الأقل مهما كان المرء ضحية للأرق فلن يبلغ الأمر هذه الدرجة من السوء، ولن يلتهم لحم فخذَيْه. هذه مزية سماع القصص المرعبة. راقت لي هذه القصة، ليس لأنها مخيفة بل لأنها نواة رواية ممتازة يمكن وضع خطوطها العريضة. نسيت طبعًا أن أقول لك إن بدء الكتابة والاستذكار طريقتان ممتازتان كي يأتي النعاس، هكذا سقط القلم من يدي وأنا أحاول رسم خطة الرواية، وهكذا حلت هذه القصة الخرافية مشكلتي الخاصة!

عن طب المناطق الحارة

(١)

عامة لا يكتب الأطباء المصريون عبارة «طبيب مناطق حارة» على عياداتهم، لأنهم سيتلقون السؤال الدائم: «ما الذي تعالجه بالضبط؟»، من ممرضيهم والسباكين والنجارين.. لن يتلقوا هذا السؤال من مرضاهم الذين لن يأتوا أصلًا لأنهم لن يفهموا معنى العبارة.. هناك تعبير آخر هو «الأمراض المتوطنة» وهو أكثر غموضًا، دعك من أنه يستجلب للذهن مستشفى الأمراض المتوطنة الخاصة بوزارة الصحة التي هي ـ غالبًا ـ عبارة عن بناية متهدمة من طابق واحد بها طبيب تعس يعالج ديدان «الأنكلستوما» بأقراص «البرازين».. أي أنه «كاتب «ببرازين»»، والفارق بين الطبيب البارع ومتوسط البراعة هنا هو سرعة الكتابة.

كانت تجربتي الأولى مع هذا الفرع من الطب وأنا طالب (عام ١٩٨٤ غالبًا).. لم أكن أعرف عنه إلا ما يعرفه أي واحد آخر، ثم

حضرت حلقة دراسية كان المحاضر فيها أستاذًا من الإسكندرية هو الدكتور حلمي أباظة.. كانت ملامح وجهه ذاتها تذكرك بوجوه العلماء الذين تراهم في مقدمة الكتب الطبية الغربية، فلو كان في بريطانيا لحمل لقب «سير».. وكانت حالة الدرس مراهقًا تعسًا يعاني الإسهال المزمن منذ سبعة أعوام.. رأيت الدكتور حلمي يفند الاحتمالات ويناقشها بطريقة عقلانية منطقية أثارت دهشتي وانبهاري، ووصل للتشخيص الصحيح كما أثبتت الأبحاث فيما بعد.

كنت حتى هذه اللحظة لا أرى إلا التعليم التقليدي على غرار: هذه حالة طحال متضخم بسبب «البلهارسيا».. الجميع يعرف هذا لكن تعالوا نتظاهر بأننا لا نعرف.. سنقول كذا وكذا.. كان هذا يبدو لي تلاعبًا بالمنطق: سوف نبحث عن المضاعفات التي سببها تضخم الطحال.. صحيح أننا جميعًا نعرف أنه متضخم لكننا لا نعرف ذلك بعد.. فقر الدم ناجم عن تضخم الطحال أو نزف الجهاز الهضمي.. لا يمكن أن يكون ناجمًا عن سبب آخر لأننا نعرف أن هذه حالة تضخم طحال، لكننا متفقون على أننا لا نعرف.

لكن مع الدكتور حلمي رأيت للمرة الأولى كيف يفكر الطبيب في حالة ملغزة لا يعرف عنها إلا ما نعرفه نحن.. لقد كان أول نموذج أقابله لطبيب المناطق الحارة مبهرًا، اختاره لي القدر بعناية.. وفيما بعد عرفت أن الدكتور حلمي أباظة هو أحد أقطاب هذا العلم في مصر، ولفترة لا بأس بها كان مشرفًا علميًا على قسمنا الوليد في طنطا، بل إنه أشرف على رسالة الدكتوراه الخاصة بي.

انبهرت بطب المناطق الحارة وصممت على أن أدرسه وأن أكون

من هؤلاء.. صحيح أن الدكتور حلمي كان وما زال ظاهرة متفردة لم أرَ منها إلا نماذج قليلة، وصحيح أنني لم أصر من هؤلاء، لكني على الأقل عرفت أنه عَلَم محترم شديد الأهمية.

فيما بعد عرفت أن طب المناطق الحارة هو الطب الذي يتعامل مع الأمراض التي تسود المناطق الاستوائية وتحت الاستوائية.. يوشك هذا العلم أن يكون بريطاني المولد، أملته حاجة أطباء الإمبراطورية إلى فهم تلك الألغاز التي قابلتهم في المستعمرات في القرن التاسع عشر.. ألغاز مثل الملاريا وداء النوم والطاعون والتيفوس والحمى الصفراء ومرض الفيل والكارثة المسماة بلهارسيا.

إن المناطق الحارة تمتاز بحرها ورطوبتها وقلة الرعاية الصحية فيها.. لهذا تعد مملكة الأمراض المعدية والطفيليات وأمراض سوء التغذية وأمراض الحرارة.. هناك أمراض قد يتخرج الطبيب العادي وهو لا يعرف أنها موجودة في العالم.. مثلًا مرض الـ«yaws» الشبيه بالزهري.. ما الفارق بين الـ«kuru» والـ«koro»؟ ما أعراض التسمم بنبات الكاسافا؟ ما هو مرض «شاجا» (chaga)؟ ما الفارق بين لدغة ثعبان البحر وثعبان المرجان؟ كيف تميز لدغة العنكبوت السام عندما تراها؟

قد تبدو هذه أمراضًا خيالية جدًّا، بعيدة جدًّا.. لكن يجب أن نتذكر أن الطيران جعل العالم صغيرًا جدًّا.. ها هو ذا فيروس «ماربورج» الأفريقي المخيف يجتاح مقاطعة في ألمانيا جاءها مع قردين، وها هو ذا فيروس إيبولا يهدد الولايات المتحدة مع مسافر يقيء دمًا، وفي مصر يعرف أطباء المناطق الحارة أن «الليشمانيا» ظهرت

مرارًا.. والعائدون من دول الشام أو أي دولة تملك ثروة رعوية يحملون معهم داء الحويصلات المائية.

عندئذ يتذكر الزملاء في الأقسام الأخرى مكان قسمنا ويأتون لنا: «عندي حالة متصلبة العنق في عنبر الجراحة.. هل هذا التهاب سحائي؟». «ماذا يجب أن أفعله بعد كل الرذاذ الذي نثره المريض في وجهي وهو يسعل؟». «الإبرة اخترقت إصبعي فهل أتعاطى شيئًا لمنع التهاب الكبد الفيروسي؟». «إنزيمات الكبد عالية فكيف أعرف السبب؟». «أنا مسافر إلى نيجيريا في مهمة علمية فكيف أقي نفسي من الملاريا؟».

بعض الأسئلة يكون صعبًا يجعلك مضطرًا للرجوع لكتبك، لكنك على الأقل تعرف جيدًا أين تجد المعلومة... وماذا عن الإيدز؟ أهم عنوان في كتب طب المناطق الحارة.. المرض الذي اكتشفوا حالاته أولًا في سان فرانسسكو بين أوساط الشباب المنحل، وقيل إنه ولد في أفريقيا، لكنه اجتاح العالم بعدها.. واليوم عرف أثرياء العالم كيف يقاومونه ويتقونه، لكنه مشكلة المشاكل في أفريقيا البائسة الفقيرة.. لسوف يظل هذا الداء مشكلة طب المناطق الحارة لعقود قادمة.

بالنسبة لمصر يوشك طب المناطق الحارة أن يتلخص في مرضَي «البلهارسيا» والتهاب الكبد الفيروسي.. ليس الدرن خارج نطاق عملنا.. ليست الحميات كلها.. وهذا هو ما يكتبه طبيب المناطق الحارة على عيادته «مختص أمراض الكبد والحميات».

فيما بعد استقلت الأقطار التي كانت تقع تحت سيطرة

«جون بول»، لكنها لم تستغنِ عن طب المناطق الحارة، واليوم تقوم منظمة الصحة العالمية بالدور الذي كان المستعمرون يقومون به في الماضي.

لاحظ الأطباء حديثًا أن طب المناطق الحارة لا يرتبط بحرارة الجو، فكل بلد له مشاكله الصحية الخاصة؛ لهذا فكروا في استخدام اسم جديد هو «الطب الجغرافي».. ترى هل يمكنك أن تزور عيادة طبيب يعلن أنه مختص في «الطب الجغرافي»؟ أحببت هذا العلم كثيرًا وانبهرت به، ولا شك أن من قرأوا سلسلة «سافاري» يدركون جيدًا هذه النقطة. أردت أن أنقل لك هذا الحب فقررت أن أعرض عليك كتابًا ممتعًا ينقل لك الصورة بشكل أفضل.. هل أعرض عليك كتاب «صائدو الميكروبات»؟ أم أعرض عليك كتاب «طب المناطق الحارة» الذي كتبه «جوردون كوك» والذي أهدى لي صديقي الطبيب الشاب إسلام نسخة رقمية منه؟ أعتقد أنني أفضل الكتاب الأخير.. لن أترجم الكتاب لكني سألخصه لك في عرض سريع هنا.

(٢)

لاحظ كاتب الخيال العلمي «مايكل كرايتون» ملاحظة مهمة هي أن علم الأحياء متأخر جدًّا عن باقي العلوم، وبينما كان الإنسان يعرف الكثير من أسرار الكيمياء والفيزياء فإنه كان يجهل الكثير عن جسده وعن طريقة انتقال الأمراض، إلخ.

٤٤

اليوم أنت تعرف أشياء كثيرة جدًّا كان كثيرون من الأطباء الأوائل يقبلون التضحية بذراعهم كي يعرفوها. فكرة أن تنقل ذبابة المرض أو أن تلدغك بعوضة فتحقن الملاريا في دمك.. هذه أشياء تبدو لنا بديهية، لكنها كانت ألغازًا مطبقة في القرن الثامن عشر، وكان على الطب أن ينتظر كثيرًا جدًّا حتى يصل «باتريك مانسون» وآخرون.

حتى لفظة «حمى» كان لها مدلول آخر لدى الأطباء يختلف عن مدلول اليوم الذي يعني أي ارتفاع في درجة الحرارة. وما زال بوسعك اليوم أن تجد أن قليلي التعليم يعتقدون أن الحمى هي «التيفود» فقط.

كان من الطبيعي أن يتأخر طب المناطق الحارة كثيرًا جدًّا في الميلاد. من ضمن شتى فروع العلم يمكننا القول إن هذا «علم استعماري» أملته ظروف الإمبراطورية، وقد أفاد المستعمر أولًا لكنه أفاد أهالي البلاد بشكل غير مباشر، وفي النهاية ترحل المدافع ويموت الجنرالات لكن العلم يبقى خالدًا.

كانت بريطانيا قد أرسلت أبناءها ليحتلوا العالم وينتشروا في رقعة واسعة تمتد عبر أحراش أفريقيا وجبال الهند وجزر الكاريبي.. هكذا شعر الجميع بأن هناك مشكلة ما.. الأمراض التي تصيب الجنود غريبة جدًّا.. أمراض تجعلهم ينامون للأبد، وأمراض تجعل بطونهم تنتفخ، وأمراض تجعلهم يقيئون دمًا، أو يدخلون في غيبوبة مبهمة، أو يصابون بالعمى.

بعض الأمراض كان معروفًا في أوطانهم طبعًا (مثل التيفوس

والدرن والسعار) لكن بصورة أقل من هذه الصورة المفزعة التي يرونها في المستعمرات. بعض الأمراض حملها المستعمر هدية لأهل البلاد التي يجهلون عنها كل شيء مثل الزهري، ومقابله حصلوا على مرض يشبهه جدًّا اسمه «الياوز» (yaws).

لهذا وجدت بريطانيا الفيكتورية أن عليها أن ترسل أطباءها لفهم ما يحدث، ولهذا سوف نكتشف في طب المناطق الحارة شخصية غريبة محورية هي شخصية الطبيب العسكري.. الطبيب العسكري الذي يعمل مع البحرية موجود بقوة هنا، منذ نشأ هذا العلم وحتى عرفت مصر وحدة «النمرو» (وحدة الأبحاث الطبية للبحرية الأمريكية) بمن فيها من أطباء لا يحملون لقب طبيب ولكن لقب كابتن.

منذ بداية الكتاب يعتذر مؤلفه لأنه لن يذكر أي امرأة لسبب بسيط هو أنه لا توجد امرأة لعبت دورًا في طب المناطق الحارة، كما أنه لن يذكر اسمًا غير بريطاني إلا فيما ندر لسبب بسيط آخر هو أن طب المناطق الحارة عِلم بريطاني المنشأ، والسبب معروف طبعًا.

هناك نماذج في كتب الطب القديمة لوصف الأمراض التي اصطلح على أنها أمراض مناطق حارة.. مثلًا هناك دودة «dracunculus medinensis» التي تخترق أنسجة الساق ويظهر طرف ذيلها عند الكاحل. تجدها في كتابات ابن سينا باسم «وريد المدينة». ويصف طبيب عربي طريقة العلاج قائلًا: «يربط المريض طرف الوريد أو العصب (لم يكونوا متأكدين من كونها دودة أم وريدًا) على قطعة من الخشب، ثم يلف قطعة الخشب شيئًا فشيئًا حتى يخرج الدودة كلها. يحتاج العلاج لعدة أيام قبل أن يشفى المريض من الألم»، وهو لا يختلف كثيرًا عن علاج اليوم.

وقد نصح أحد الأساقفة في بيروت الناس بألا يشربوا إلا الخمر ويبتعدوا عن شرب الماء الملوّث كي يتفادوا هذه الدودة! أما إذا أصررت على شرب الماء فلتصفّه أولًا بقطعة قماش.

وصف الأقدمون كذلك استعمال ثمرة الجوز المقيء لعلاج الدوستاريا (الزحار) وكانت النتائج لا بأس بها.. لهذا قام البريطانيون بتكرار التجربة بنجاح، ومن هذه الثمرة استخلصوا مادة «الإيميتين» التي كانت أول علاج للدوستاريا الأميبية.

وكما قلنا من قبل كان الاعتقاد هو أن الحمى ليست عرضًا بل هي مرض واحد ناجم عن الهواء الملوث. حتى إن أحد التقارير الطبية يؤكد: «المرض الذي يجتاح الهند حاليًا ليس كوليرا بل هو حمى!». احتاج الأمر لفترة طويلة جدًّا حتى يقتنع الأطباء بأن الحمى ليست مرضًا في حد ذاتها، بل هي طريقة الطبيعة في إبداء ضيقها!

إن القرن السابع عشر هو القرن الذي أدرك فيه الأطباء أن القذارة تنقل المرض، حتى قبل أن يسمعوا عن البكتريا والفيروس. وقد لاحظ أطباء كثيرون أن الدوستاريا والكوليرا تأتي من الفضلات البشرية التي تلوث الطعام، وكان الجنود يعرفون أن القمل وقلة النظافة يسببان التيفوس.

في كتابات الرحالة البريطاني الكبير «ليفنجستون» تجد أنه يربط ما بين المستنقعات والملاريا (كان اسمها هو «الميازما» في ذلك الوقت)، لكنه لا يتوقف عند هذه الفكرة كثيرًا، كما لاحظ معظم أطباء الجيش أن المستنقعات خطرة، لكنهم ظلوا يعتقدون أن المرض ينجم عن العفن والنباتات المتحللة. واسم الملاريا ذاته معناه الهواء

الفاسد. برغم هذا ظلوا حائرين: لماذا توجد ملاريا بلا مستنقعات، وتوجد مستنقعات بلا ملاريا؟ ولمدة قرنين اعتقد الجميع أن الملاريا تنتقل بالهواء أو الماء الفاسدَيْن.

إن قصة استخدام لحاء الشجرة (البيروفي) في علاج الملاريا ترجع لعام ١٦٣٠.. نحن نعرف اليوم أن هذا اللحاء يحتوي مادة «الكينين» التي تعالج الملاريا، والقصة الشهيرة على كل حال تتحدث عن زوجة حاكم بيرو «الليدي سينكون» التي أصيبت بالملاريا، فعرض أحد السحرة الهنود علاجها عن طريق نقيع يسقيه لها من لحاء إحدى الأشجار.. بعد أيام شفيت تمامًا، فأصرت على أن تأخذ معها هذا اللحاء إلى أوروبا، وأطلق الأطباء على الشجرة اسم «سينكونا» وهي الشجرة التي ما زالوا يستخرجون «الكينين» منها. البعض يرى أن هذه القصة خيالية تمامًا، ويميلون للاعتقاد بأن المبشرين الإسبان هم من نقل هذا اللحاء لأوروبا، ولذا أطلق على المسحوق اسم «مسحوق الجزويت»، أي أن علاج المرض بدأ قبل أن يُعرف سببه. وحتى الحرب العالمية الثانية لم يكن للمرض علاج سوى «الكينين» إلى أن احتل اليابانيون جزر إندونيسيا التي كان العالم يحصل منها على هذا العقار المهم، لذا بدأت الحاجة لتصنيع علاج جديد للملاريا.. ومن هنا ولد «المبياكرين».

كان طب المناطق الحارة يشهد أعوامه الأولى، لكن كان عليه أن ينتظر قدوم أهم أعلامه، وأول من كتب مرجعًا كاملًا عنه: الطبيب البريطاني «باتريك مانسون».

(٣)

هل ما زلت معنا؟ جميل.. هذا يعني أنك صبور وسوف تتحملني حتى النهاية.

كنا في عصر بدأ يعرف الكثير عن انتقال الأمراض وإن ظلت الصورة العامة غامضة جدًّا.. «روبرت كوخ» الألماني و«باستير» الفرنسي يسددان الضربات لكل مسلمات العلم السابقة. الحرب العظمى بين البلدين دارت في المختبرات وليس في ساحة القتال. سوف ندرك لو درسنا حياتَي الرجلين أن «كوخ» كان عالمًا صارمًا قاسيًا على نفسه والآخرين، ولم يكن يقبل أنصاف الحلول، بينما كان «باستير» أقرب إلى الخفة والاستعجال في النتائج والولع بالإعلام.. والنتيجة هي أن العامة جميعًا يعرفون «باستير»، بينما العلماء حقًّا يعرفون أهمية «كوخ».

كانت نظرية «الميازما» هي السائدة، وتقضي بأن الحياة تولد تلقائيًّا من الأجسام المتعفنة.. لكن العالم عرف اليوم الجراثيم، وعرف كيف يقاومها، وتعلم الجراحون كيف يغسلون أيديهم جيدًا بعدما كانوا لا يغسلون أيديهم إلا بعد الجراحة، وفي بريطانيا قام سيد الجراحين «لستر» بإجراء جراحات معقمة للمرة الأولى باستعمال حمض الكربوليك.. كان متحمسًا لدرجة غمس يديه في مطاط سائل

٤٩

ساخن ليصنع أول قفاز جراحي في التاريخ، وملأ غرف العمليات ببخار الكربوليك كذلك، لكن هذا أحرق عيون الجراحين تقريبًا.. برغم هذا كانت النتائج واضحة: المرضى الذين تُجرى لهم الجراحة في ظروف معقمة ينجون، بينما كانت لفظة جراحة تعني الموت قبل ذلك.

عام ١٨٤٤ ولد «باتريك مانسون».. تذكر هذا الاسم جيدًا.. أنت تردده منذ درست اسم «بلهارسيا مانسوني» في المدرسة. عام ١٨٦٠ التحق بجامعة «أبيردين» وتخرج طبيبًا في التاسعة عشرة من العمر. عام ١٨٦٦ نال درجة الدكتوراه.. ثم التحق بالجيش طبيبًا عسكريًا ـ كالعادة ـ وسافر إلى «فرموزا».. وقد وصف أمراض سوء الامتصاص الاستوائية وكيفية تصفية خراج الكبد الأميبي.. جولة مثيرة جدًا قام بها عبر الصين وكوريا وهونج كونج. وكان موعده الأهم مع داء الفيل الوبيل الذي يحول القدمين والخصية إلى جذع شجرة يتضخم يومًا بعد يوم.

رأى الكثير جدًا من حالات مرض الفيل.. وعرف بالدودة الصغيرة الدقيقة التي وصفها «بانكروفت» في خصية المرضى.. هذه الدودة التي أطلقوا عليها اسم «فوتشريريا بانكروفتي». لكن اللغز ما زال مطبقًا: كيف وصلت هذه الدودة إلى دم المرضى؟ لاحظ أن مخلوقًا على الأرض لم يتصور وقتها أن الحشرات يمكن أن تنقل أي مرض.. كان «مانسون» يعرف أن خادمه «هين لو» مصاب بالداء الوبيل، لذا قرر أن يجري تجربة عليه.. التجربة كانت في ١٠ أغسطس عام ١٨٧٧ وهو التاريخ الذي يعتبرونه يوم ميلاد

طب المناطق الحارة.. جعل الخادم ينام مع مجموعة من البعوض في قفص محكم، وفي الصباح قام بفتح القفص، وجمع البعوض وقام بتشريحه.. النتيجة المثيرة هي أن معدة البعوض مليئة بهذه الديدان الصغيرة.

إذن الحشرات قادرة على نقل المرض من إنسان لآخر! هذه الحقيقة هي التي ستفتح فيما بعد الباب لفهم الملاريا والحمى الصفراء.

في سن ٤٦ يعود «مانسون» للندن، وقد كون ثروة صغيرة من عمله في الشرق. وبدأ يبشر بالعِلم الجديد: «طب المناطق الحارة». كانوا يعرفون أقل القليل عن كل شيء. لكنهم وصفوا الأمراض جيدًا وبدقة دون أن يعرفوا مسبباتها.. وفي العام ١٨٩٨ أصدر أول طبعة من كتابه الشهير.. الكتاب الذي استمرت طبعاته حتى اليوم (مع التحديث الدوري طبعًا).

برغم هذا كله يجب أن نتذكر أن «مانسون» كان يتصرف بمفهوم استعماري بحت يسمونه «الاستعمار الخلاق» والذي يحدد مهمة طب المناطق الحارة بعلاج رعايا الإمبراطورية.. أي أنه يريد عبيدًا أصحاء لينتجوا أكثر، وهي سياسة راقت لوزير المستعمرات البريطاني كثيرًا. من ثَمَّ أُنشئت مدرسة لندن لطب المناطق الحارة.. حقًا لا يوجد في الحياة أبيض ولا أسود.. هناك الرمادي فقط.. الاستعمار الفرنسي جلب لنا المطبعة وكتاب «وصف مصر»، والبريطانيون استعمروا العالم ونهبوا خيراته، لكنهم كذلك قضوا على الملاريا ومرض النوم.

تُوفي «مانسون» عام ١٩٢٢ بنوبة قلبية، لكن بعد أن أدلى بدلوه في أشياء كثيرة جدًّا تبدأ بالدوستاريا مرورًا بالبلهارسيا ودودة المدينة وانتهاء بالحمى الراجعة وحمى مالطة. على أن أهم فصول حياته كان ذلك المتعلق باكتشاف الملاريا، ولسوف نعرف أنه لم يكن يعرف أي شيء عن البعوض لدرجة أنه كان يعتبر البعوض كله نوعًا واحدًا، وكان يخلط بينه وبين الهاموش.

الملاريا

أهم الأمراض التي تنقلها الطفيليات وأخطرها.. السؤال الغامض الذي ظل يحير العلماء منذ عصر الرومان حتى اليوم، بينما أي تلميذ في الابتدائي يعرف اليوم أنها تنتقل بلدغة البعوض.. ولربما ذكر لك اسم «أنوفيليس» لو كان ذكيًّا.

كان «مانسون» يعتقد أن الملاريا تعيش في المستنقعات وتنتقل عندما تهب الريح على الماء، وهي نظرية «الميازما» التي سادت لدى الأطباء عدة قرون. لم تهتز هذه النظرية كثيرًا عندما قام «لافيران» الفرنسي ـ رجل معهد «باستير» ـ بفحص كريات الدم الحمراء في مرضاه الجزائريين، ورأى صبغيات الملاريا وآثار الطفيل المفترس في طور الحلقة، ولاحظ أن ظهور هذه الصبغيات المفزعة يسبق بالضبط الرجفة المميزة للملاريا. ظل السؤال قائمًا: جميل جدًّا.. هذه الأشياء تسبب الملاريا لكن كيف وصلت لدم المريض؟ حتى «لافيران» نفسه اعتقد أن الوباء ينتقل بشرب ماء المستنقعات.

الإجابة عن السؤال كانت لدى طبيب بريطاني ولد في جبال الهيملايا عام ١٨٥٧، واسمه «دونالد روس».. اختار القدر لهذه المهمة أبعد شخص ممكن عن المخ المنظم المطلوب للبحث العلمي.. كان خليطًا غريبًا من شاعر وطبيب.. شخصًا من الطراز الذي يفكر في مائة شيء في اليوم، ولا يكمل شيئًا واحدًا.

بالطبع كان «روس» ابن ضابط بريطاني في الهند ـ كالعادة ـ تعلم في لندن.. قابل «مانسون» عام ١٨٨٩ بعدما قدمهما لبعضهما صديق مشترك.. وهناك عرض عليه «مانسون» شرائح تُظهر طفيل الملاريا في دم المرضى. كعادة هؤلاء الشعراء قرر «روس» أن القدر اختار له طريقه وأن عليه أن يكشف اللثام عن هذا اللغز، وكتب لزوجته قصيدة رديئة جدًّا يقول فيها:

اليوم وضع الرب في يدي شيئًا مدهشًا
وبفضله كشفت النقاب عن جرائمك السرية أيها الموت الأكيد
يا قاتل الملايين
هذا الاكتشاف الصغير
سينقذ ملايين البشر
أين ذهبت لدغتك أيها الموت؟ وأين ضحكتك أيها القبر؟
هل يكلم الملاريا فعلًا أم يكلم زوجته؟ لست حسن النية لهذا الحد.

هكذا تم اللقاء بين طبيب شاعر شبه مجنون، وطبيب لا يعرف أي شيء عن البعوض.. وعلى يدَي الرجلين كُتب للملاريا أن تتلقى أعنف ضربة في تاريخها!

(٤)

عندما عاد «روس» إلى «كلكتا» بدأت المراسلات بينه وبين «مانسون» المقيم في لندن. هنا يلعب «مانسون» دور المخ الذي يصدر التعليمات لـ«روس» الذي يلعب دور العضلات. «مانسون» مقتنع تمامًا بأن البعوض يموت في الأنهار.. ويشرب الهنود هذا الماء فيصابون بالملاريا. النتيجة هي أن «روس» غلى مئات اللترات من البعوض ليسقي هذا الحساء البشع للمتطوعين الهنود المساكين.. بل إنه أطعمهم مربى صنعها من البعوض.. والنتيجة: لا أحد يصاب بالملاريا.

كان روس يمقت العلم، ولا يستطيع التركيز في شيء، وكان يؤمن بمقولة «برنارد شو»: «من يستطيعون يفعلون.. من لا يستطيعون يعلِّمون!». كان تشريح البعوض يقع على عاتق مساعده الهندي «محمد بوكس» الذي ـ كالعادة ـ لم ينل أي تقدير وخبا ذكره بمجرد وفاته. لكن «روس» في ليلة حارة مرهقة استطاع أن يجد الملاريا في الغدد اللعابية للبعوضة.. كان العرق والرطوبة يخنقانه لدرجة الهلوسة، لهذا كتب يصف المشهد في مذكراته قائلًا: «إنني صغير جدًّا وسريع الحركة!».

هكذا وصل إلى درجة أنه تقمص طفيل الملاريا نفسه. وكان

معنى اكتشافه بوضوح تام أن البعوضة تنقل الوباء بلدغتها. هكذا عاد لإنجلترا، وقد أنهى ما لديه من شحنة علمية، ولم يعد على استعداد إلا لأن ينعم بحياته والمعجبات، ويصير ثريًّا وينال جائزة «نوبل»، وبالطبع أنكر في كل كتاباته أي دور لـ«مانسون» في مساعدته على ما عرفه. الواقع أن القدر قدم هدية اكتشاف طريقة انتقال الملاريا لأقل العلماء جدارة بهذا اللقب: «دونالد روس».

في إيطاليا كان «السنيور جراسي» يُجري أبحاثًا مماثلة، وقد استطاع أن يحدد البعوضة التي تنقل الملاريا بدقة شديدة.. كان الفلاحون الإيطاليون يطلقون عليها اسم «تزانزاروني» وهي «الأنوفيليس» التي نعرفها اليوم، وكان معنى أن تمشي ليلًا في شوارع إيطاليا في الصيف بالذات أنك زهدت الحياة وترغب في الانتحار. لا يزال الجدل قائمًا بين بريطانيا وإيطاليا حول مكتشف دورة حياة الملاريا الكامل، والحقيقة أنه جهد متكامل ومتساوٍ بين طرفين، وكلاهما أكمل عمل الآخر.

* * *

الآن ننتقل إلى العالم الجديد.. إلى الأمريكتين حيث وباء آخر حير العالم طويلًا.. إنه وباء الحمى الصفراء. وهو وباء أفريقي كذلك، والحقيقة أنه هو الذي أباد بحارة سفينة الهولندي الطائر، التي يجوب شبحها أعالي البحار عند رأس الرجاء الصالح حتى اليوم. ولفهم أهمية هذا الوباء تذكر أن الفرنسي «دي لسبس» حاول أن يحفر قناة بنما كما فعل في قناة السويس لكنه فشل بسبب موت العمال بلا توقف.

٥٥

هذا الوباء يصيب المريض بصفراء شديدة مع نزف من معظم فتحات الجسم، وغالبًا ما يلقى المريض حتفه في اليوم السابع.. غالبًا ما يشخص المريض باعتباره التهاب كبد فيروسيًّا في البداية قبل أن يكتشف الطبيب أنه كان أحمق.

الآن صارت لدينا حقيقة مهمة هي أن البعوض خطر.. هذه الحقيقة مهدها لنا «مانسون».. فهل للبعوض دور في هذا الوباء الشنيع؟

من جديد هذه مشكلة استعمارية أخرى تهدد ـ هذه المرة ـ الجنود الأمريكيين وتمنعهم من احتلال كوبا كما يجب. هكذا اضطرت الحكومة الأمريكية عام ١٩٠٠ إلى أن تؤمن بأهمية طب المناطق الحارة وتشكل فريقًا بحثيًّا يرأسه طبيب الجيش «والتر ريد». أنت تعرف الاسم لو كنت سمعت من قبل عن مستشفى «والتر ريد» الأمريكي الشهير. هذه قصة تثير القشعريرة عن الشجاعة البشرية.. تذكر أننا نتكلم عن وباء مجهول.. وباء قاتل ولا علاج له.

برغم هذا يعمل هؤلاء الرجال في منطقة موبوءة بالكامل.. ويصاب كثيرون منهم ويموتون. هنا يقرر «ريد» اختبار نظرية أن الوباء ينتقل بلدغة البعوض.. يصمم كوخين «أ» و«ب».. الكوخ الأول نظيف جدًّا لكن البعوض يدخله. الكوخ الثاني جعله جحيمًا.. ملاءات من ماتوا بالحمى الصفراء.. وسائد ملوثة بدمهم وقيئهم.. أدوات طعامهم.. هواء مليء بالغبار المكنوس من غرف موتهم.. فقط للكوخ مزية واحدة هي أنه معزول، فلا يقدر البعوض على دخوله. وضع ثلاثة جنود في كل كوخ وانتظر عشرة أيام.. بعد عشرة أيام فتح الكوخين.. الكوخ النظيف ذو البعوض كل

جنوده مرضى يحتضرون.. الكوخ القذر بلا بعوض كل جنوده أصحاء، وإن كان الاشمئزاز كاد يقتلهم! النتيجة واضحة لكن «والتر ريد» يصمم على أن يجعل البعوض يلدغه ليرى. بالفعل أصيب بالحمى الصفراء ويا له من نجاح ساحق! لقد شُفي بمعجزة ما ليعلن للحكومة الأمريكية أن القضاء على البعوض والوقاية منه هما الأساس.. والبعوضة المتهمة تختلف عن «الأنوفيليس» التي تنقل الملاريا.. إنها بعوضة اسمها «إيدز إيجبتي».. أي أنها مصرية! وهي تلك البعوضة التي تملأ بيوتنا على فكرة! بالطبع تم حفر قناة بنما عام ١٩١٤ في أمان بعدما عرف الجنود أن عليهم أن يقوا أنفسهم من لدغات البعوض.

* * *

الآن يبدأ دور اسم مهم جدًّا في طب المناطق الحارة، هو طبيب الجيش البريطاني «ديفيد بروس». هل لك جار شرب لبنًا لم يُغْلَ جيدًا، أو قريب طبيب بيطري تعرض لأبقار مريضة في السلخانة، وأصيب بمرض «البروسيلا»؟ الآن أنت تعرف من أين جاء الاسم.

لقد اختار القدر لهذا الرجل أن يغير وجه أفريقيا بالكامل.. البريطاني الذي ولد في أستراليا والطبيب البارع والرسام الموهوب والملاكم الممتاز!

عام ١٨٨٤ يهبط في جزيرة مالطة حيث قابل زوجته التي رافقته في كل مغامراته. كان الجنود البريطانيون يقضون وقتهم في المرض بالحمى المالطية الغامضة.. حمى ترفع حرارتك وتغرقك بالعرق، وتجعل عظامك تتألم كأنما داس عليها «كنج كونج». دعك من

٥٧

الصداع كذلك.. هناك وفيات لا بأس بها. قام «بروس» بتشريح جثث الموتى، فوجد بكتريا غريبة لم يرها من قبل في الطحال.. حقن بها القردة فأصيبت بمرض غريب وماتت بعد ١٦ يومًا. وسرعان ما تبين له أن معظم الماعز على الجزيرة تفرز هذه البكتريا في البول واللبن. وصدر الأمر للقوات البريطانية باستبعاد لبن الماعز من أية وجبة للجنود.

هكذا اكتشف هذا الداء (على الماشي) والذي لا يزال يحمل اسمه حتى اليوم. وسرعان ما كان ينطلق إلى جنوب أفريقيا.. إلى «الناتال».

هناك كان موعده مع الاكتشاف الذي سيُخلده للأبد في تاريخ الطب.. المرض الذي تنقله ذبابة «تسي تسي».. «الناجانا».. داء النوم.

(٥)

العام ١٨٩٤ ... «ديفيد بروس» قد وصل مع زوجته الباسلة إلى «الناتال» في جنوب أفريقيا لأن الجيش البريطاني يحتاج له هناك. السبب هو مرض غريب يطلق عليه رجال الزولو اسم «ناجانا».. «الناجانا» مرض يصيب الخيول فتصير كسولة أميل للنوم.. ثم تنام فعلًا لكن للأبد... هذه مشكلة اقتصادية طبعًا، بل هي مشكلة عسكرية لجيش يعتمد على الخيول. الهولنديون الأوغاد (البوير) لم تكن خيولهم تمرض؛ لهذا كانوا يسحقون البريطانيين بلا توقف.

قام «بروس» بعمل عشرات الفحوص لدماء الخيول المريضة،

٥٨

وأجرى تجارب محكمة وعبقرية، كان ما رآه متكررًا في كل الشرائح: ذلك الكائن الشيطاني الذي يَسبح بين كريات الدم الحمراء.. يَسبح بثقة ويعرف ما يفعله. بل إنه يستمتع بوقته كذلك. وهكذا أطلق على هذا الشيء اسم «هيماتوزوا». وهو الاسم الذي غيروه بعد عقود إلى «تريبانوسوما بروسي».

انتهت المشكلة، وحل «بروس» هذا اللغز، وعمت السعادة الجميع، فقط ليستدعى مرة أخرى إلى أوغندا بعد عام كي يواجه مشكلة أخطر.. هذه المشكلة هي مرض نوم الزنوج. قام «بروس» بأخذ عينات من السائل النخاعي الشوكي لعدد من السود المصابين، وقام بفحصها بعناية ليجد «التريبانوسوما» اللعينة في كل العينات تقريبًا. تبين أن ذبابة معينة اسمها «جلوسينا» توجد دائمًا حيث يوجد مرض النوم هذا.. الذبابة التي نطلق عليها اسم «تسي تسي».. وقد استعان بأحد زعماء القبائل المحليين ليرسم أدق خارطة تربط بين الحالات والذبابة.. وفي النهاية نشر نتيجة أبحاثه في المجلة الطبية البريطانية، وبهذا سقط مرض غامض آخر صريعًا برصاصة العلم.

مرت أعوام هانئة، ثم بدأت التقارير تصل من قرى الأنهار أن الوباء يعود بقوة.. كيف؟ لقد تكفل القضاء على الذبابة بمحو المرض.. هنا تم استدعاء «بروس» من جديد. بعد عمل مضنٍ عرف حقيقة مستودع العدوى.. المرض يعيش في الوعول لأعوام طويلة جدًّا.. هكذا عندما تعود الذبابة للظهور بعد حملات مقاومتها فإنها لا تجد بشرًا مرضى.. هكذا تذهب لتمتص دم الوعول.. المستودع الدائم للعدوى.. وتهاجم البشر وتبدأ الدائرة من جديد.. لقد أضاف «بروس» بمفهوم المستودع

بُعدًا جديدًا للطب.. وفهم الأطباء لماذا يختفي مرض من على ظهر الأرض عقودًا ثم يعود للظهور فجأة.. الحق أن «بروس» كان رجلًا من طراز نادر.

ملحمة «البلهارسيا»

هذا المرض كان لغزًا آخر.. فقط كان الغربيون يعرفون أن جنود «بونابرت» في مصر كانوا يبولون دمًا، وكذلك الجنود الإنجليز في التل الكبير أيام هوجة عرابي، وفي حرب البوير جنوب أفريقيا. وجاء الطبيب الألماني الشاب «تيودور بلهارس» عام ١٨٥١ ليجد الدودة المسببة للمرض في مومياوات الفراعنة. في العام ١٩١٥ يرسل الجيش البريطاني الطبيب العسكري «روبرت ليبر» لفهم دورة حياة هذا الطفيل الشرير. وقد عرف «ليبر» بعد تجارب مضنية أن هناك نوعين من «البلهارسيا».. نوعًا بيضته لها شوكة طرفية مدببة وينقل «البلهارسيا» البولية، ونوعًا له شوكة جانبية وينقل «البلهارسيا» المعوية.. النوع الأول يسبب مشاكل في مجرى البول قد تصل إلى سرطان المثانة، والنوع الثاني يسبب مشاكل في الجهاز الهضمي قد تصل إلى تليف الكبد والقيء الدموي. فيما بعد سافر «ليبر» إلى اليابان ليدرس نوعًا من «البلهارسيا» خاصًّا بهم، فقط ليكتشف أن «فيوجينامي» الياباني وصف هذه «البلهارسيا» من زمن.. كان قد نشر ما وجده باليابانية لهذا لم يعرف أحد في الغرب هذه المعلومات.

في السودان كان «جون كرستوفرسون» يعالج مريضًا من داء «كالا آزار» مستعملًا «الطرطير المقيء»، عندما لاحظ المريض أنه

كان يبول دمًا ثم توقف هذا الدم.. لقد عالج الطرطير داء «الكالا آزار» و«البلهارسيا» معًا إذن! هكذا عرف «كرستوفرسون» أول علاج للبلهارسيا.. على كل حال ظلت هذه الأدوية المشتقة من الأنتيمونيوم خطرة وكريهة حتى ابتكر الألمان أول علاج بلهارسيا يؤخذ بالفم.. وعام ١٩٧٢ ظهر عقار «برازيكوانتل» الذي لم يزل فعالًا حتى اليوم.. لكن مشكلة «البلهارسيا» ما زالت قائمة، ولم تقدر أية دولة على القضاء عليها تمامًا باستثناء الصين كالعادة. إن العالِم الذي سيصل للقاح رخيص فعال للبلهارسيا سوف يدخل التاريخ الطبي من أوسع أبوابه.

داتون والحمى الراجعة

الحمى الراجعة لغز آخر من ألغاز الطب.. المريض يصاب بحمى شديدة تستمر لعدة أيام، ثم تشفى لأيام.. بعدها تعود من جديد.

هنا يظهر «جوزيف داتون» ويسافر إلى الكونغو عام ١٩٠٣ مع أفراد من مدرسة «ليفربول» لطب المناطق الحارة. نعم.. لقد صارت هناك جمعية ملكية لطب المناطق الحارة ومدارس لتدريسه.

في الكونغو عرف «داتون» كيف تنتقل هذه الحمى عن طريق القراد، وبوساطة البكتريا الشريرة المراوغة «بوريليا».. لقد لدغه القراد وكلفه هذا حياته وهو لم يتجاوز الثلاثين من العمر بعد. هكذا انضم اسمه لبطلين آخرين هلكا وهما يدرسان الحمى الصفراء هما «مايرز» و«لازيار». هناك بطل ثالث هو ابن «سير مانسون» الذي هلك وهو يدرس مرض «بيري بيري» في جزر عيد الميلاد.. لكنه

مات برصاصة طائشة أصابته. وما زالت البكتريا التي تسبب الحمى الراجعة حتى اليوم تحمل اسم «بوريليا داتوني» تخليدًا للرجل الذي مات وهو يكافحها.

ثم جاء دور «الليشمانيا» التي تسبب الداء الأسود: «كالا آزار».

«الليشمانيا»

طبعًا قبل اكتشاف «الليشمانيا» بوساطة «وليام ليشمان» لم تكن هناك «ليشمانيا».. حسبت هذا واضحًا. كان هناك الداء الأسود الغريب الذي لا يعرف أحد كنهه.. «الكالا آزار»: تضخم في الطحال.. تضخم عقد لمفاوية.. حمى.. فقر دم شديد.. جلد أسود اللون.. هذا المرض الذي اعتقدوا لفترة طويلة أنه ملاريا غريبة لا أكثر، ثم لم يجدوا أثرًا للطفيل الملاريا في جسد هؤلاء الذين ماتوا به.. دعك من أن المرضى لم يشفوا بـ«الكينين».

«ليشمان» و«دونوفان» عالمان اقترنا للأبد في مراجع طب المناطق الحارة، عبر ذلك الكائن المسمى «ليشمانيا دونوفاني»، لكن كلًّا منهما كان يعمل بعيدًا عن الآخر وفي قارة أخرى.

الطبيب العسكري البريطاني «وليام ليشمان» الذي أرسل للهند، يكتشف عام ١٩٠٠ ذلك الكائن الدقيق المسبب لداء «كالا آزار» أو حمى «الدام دام».. استعمل لهذا الغرض صبغة خاصة ابتكرها، وكانت قادرة على تلوين هذا الشيء اللعين.. في نفس الوقت تقريبًا اكتشف «دونوفان» نفس الشيء، حتى إنهم أطلقوا عليها لفترة «جسيمات دونوفان».

لكن كيف ينتقل هذا الوباء المخيف؟ إجابة السؤال ظلت حائرة حتى عام ١٩٤٢ حينما عرف العلم أن ذبابة الصحراء تفعل ذلك.

سوف تعرف كذلك أن كل عالِم من هؤلاء اكتشف أشياء أخرى عديدة غير التي ارتبطت باسمه.. كل واحد منهم أضاف شيئًا جديدًا للدوسنتاريا الأميبية أو الكوليرا أو الطاعون كذلك.

كانت مملكة العلم تنتصر بلا توقف، بينما المرض يتراجع إلى قلاعه مذعورًا وينكمش أكثر.. ثم يعد سلاحًا جديدًا مثل التهاب الكبد الفيروسي أو الإيدز أو إنفلونزا الطيور، ليضع العلم أمام معضلة جديدة.

(٦)

الآن يأتي دور سير «نيل فيرلي»، الذي ولد عام ١٨٩١ في أستراليا، ثم تعلم الطب وسافر إلى مصر مع الفيلق الأسترالي. إنه ظاهرة فريدة في عالم الطب وعالم النحس، لأنه كان يصاب بكل مرض يدرسه تقريبًا. في مصر أصيب بـ«البلهارسيا» ودرسها بعناية في آنٍ واحد... وابتكر طريقة تشخيصها عن طريق فحص الدم. عرف الكثير جدًّا عن مناعة المرض، ثم ارتحل إلى بومباي ليصير أستاذًا لطب المناطق الحارة، وكتب الكثير من البحوث عن داء الحويصلات المائية وتشخيصه. يصاب بداء سوء الامتصاص الاستوائي ويكتب عنه. كما وضع قواعد الوقاية الدوائية من الملاريا. إن قائمة أبحاثه لا تنتهي سواء في مجال عضات الثعابين، مرورًا بالفيلاريا ودودة

المدينة والدوستناريا الأميبية. كما أنه تولى عدة مناصب مهمة في الطب الوقائي.

يرسين والطاعون

الوباء الذي قضى على أمم وجيوش بأكملها.. الوباء الذي يعرف كل تلميذ أنه أباد نصف جيش «بونابرت» أثناء حصار عكا. كان ينتظر نهايته عام ١٨٩٤ على يد «ألكسندر يرسين» تلميذ «باستير» الذي كان يعمل في هونج كونج.

كانت الهجمة الأعنف للطاعون في عام ١٣٤٨ حيث بدأ من القرم، وراح يرمح عبر أوروبا حتى بلغ إنجلترا. ثم جاء وباء عنيف آخر عام ١٦٦٥.. لم نكن نحن بعيدين تمامًا لأن الوباء ضرب مصر عام ١٨٣٤.. ثم استقر في البلدان الحارة ولم يهاجم أوروبا ثانية. هذا المرض اللعين ينتقل بطريقة غامضة.. لكن القدامى لاحظوا أنه يبدأ عندما تمتلئ الطرقات بالفئران الميتة، بعدها قد يهاجم الرئتين أو يُحدث خرَّاجًا كبيرًا في خن الفخذ ويتسمم المريض ويموت.. إنه يستحق لقب الموت الأسود فعلًا، وإن كان مؤرخون طبيون كثيرون يرون أن التيفوس قد يكون هو المسؤول عن بعض هذه الأوبئة. إن التفرقة بين التيفوس والطاعون قد تكون صعبة بالنسبة لأطباء الماضي.

الطبيب الفرنسي «يرسين» جاء ليكشف الستار عن لغز هذا المرض.. يتعامل مع المرضى المصابين بوباء يقتل اثنين من كل ثلاثة يصيبهم.. الوباء الذي لا علاج له وقتها. اكتشف «يرسين»

سبب هذا المرض، وإن اشترك معه في الاكتشاف «كيتاساتو» الياباني تلميذ «كوخ». قرر العالِم تسمية البكتريا التي وجدها باسم «باستوريلا بستس» ـ تكريمًا لأستاذه «باستير» ـ لكن العلم أصر على تسميتها «يرسينيا بستيس».

إن انتقال المرض لا يتعلق بالفئران فقط، بل بالبراغيث التي تعيش في فرائها.. عندما يموت الفأر بالطاعون في النهاية، لا يجد البرغوث عائلًا إلا الإنسان.. هكذا ينتقل له ويلدغه فينقل له البكتريا. تذكر السفينة التي تحمل جثة «دراكيولا» في قصة «برام ستوكر» الشهيرة، والتي تبلغ الشط فتهبط منها الفئران لتملأ المدينة، وسرعان ما يبدأ وباء الطاعون. كل سفينة تسكنها فئران تحمل هذا الخطر الداهم.

بالإضافة إلى اكتشاف سبب المرض وكيفية انتقاله، ابتكر «يرسين» مصلًا فعالًا للوقاية منه.

هناك آخرون في مجال هذا العلم، ليسوا انجومًا متألقة مثل «مانسون» و«بروس»، لكنهم أضافوا الكثير بدورهم.. مثلًا «نوجوتشي» الياباني صاحب اليد اليسرى المشوهة المشلولة، والذي ارتقى في درجات العلم حتى صار رئيس قسم بحوث طب المناطق الحارة في معهد «روكفلر».. المؤسسة الأمريكية التي كرست نفسها للطب. هذا الرجل كشف الكثير من أسرار مرض زهري الجهاز العصبي، وبكتريا «البارتونللا»، وشلل الأطفال، والكلب وحمى جبال روكي.

وماذا عن «هانسن» النرويجي العظيم الذي كشف للعالم لأول مرة عن البكتريا التي تسبب الجذام؟ لقد فحص مئات العينات

المأخوذة من إفرازات أنوف المرضى بهذا المرض القبيح، حتى وجد البكتريا العصوية المميزة التي لم يرها العالم من قبل. وكان الأطباء قبل هذا يعتبرون الجذام مرضًا وراثيًّا أو لعنة من السماء. الآن صار مرضًا تسببه بكتريا قريبة نوعًا من بكتريا الدرن؛ وبالتالي صار له علاج.

المستقبل

الآن صارت هناك مدارس لطب المناطق الحارة في كل مكان في العالم، لكن الكتاب يركز على المدرستين الرائدتين في لندن و«ليفربول». كما أنه يستبعد أقسام طب المناطق الحارة في الجامعات المختلفة، لأنه يهتم أكثر بالمدارس المخصصة بالكامل لهذا الغرض. وهو يذكر بعض الأسماء المهمة كإداريين مثل «سير روبرت بويس» الذي كان أول عميد لمدرسة «ليفربول». و«سير ديفيد ريس» مؤسس مدرسة لندن. على كل حال لن أتوغل في هذا الجزء من الكتاب لأنه يغرقك في تفاصيل الأسماء والتواريخ، فلن تخرج أبدًا.. دعك من أنه لا يعنينا كثيرًا.

لقد اعتقد العلماء أنهم حلوا كل المشاكل وعرفوا كل شيء.. لكن المرض كان يتأهب بأسلحة جديدة.. ها نحن أولاء نعرف التهاب الكبد الفيروسي.. ثم بعد أعوام يظهر ذلك الفيروس الخطير المراوغ «HIV» الذي يجتاح أفريقيا وليس بعيدًا عن الدول العربية مهما قيل. إن الإصابة به من أسهل ما يمكن والقصة تتكرر دومًا.. هذا الفتى يسافر إلى جنوب شرق آسيا ليعبث في هذا الماخور أو ذاك.. يعود

لزوجته.. بعد أعوام تكتشف الزوجة أنها مصابة بالإيدز الرهيب وأنها أنجبت طفلًا مصابًا به. ما زال الإيدز مرضًا مكلفًا صعب العلاج جدًّا، والوقاية منه أرخص وأسهل.. لهذا سوف يبقى الشغل الشاغل لطب المناطق الحارة لأعوام عديدة.

وماذا عن «البلهارسيا» التي تأبى أن تنقرض بعناد غريب؟ متى يصل العلماء إلى لقاح واقٍ منها؟ الملاريا تعلمت كيف تقاوم معظم الأدوية القديمة فماذا عن الأدوية الجديدة؟ ماذا عن ابتكار لقاح لها؟

من جنوب شرق آسيا يظهر مرض جديد قضى على الطبيب الإيطالي «أورباني» الذي اكتشفه.. هذا المرض اسمه «السارس»، ومن نفس البقعة يظهر مرض اسمه «إنفلونزا الطيور» ليهدد مصر بشدة.. هذا الفيروس ينتقل من الطيور للبشر فقط، لكن من الوارد أن يتعلم كيف ينتقل من إنسان لآخر.. عندها ستكون الكارثة.

الدرن يستعيد قوته ويقاوم معظم الأدوية المعروفة، وإصاباته صارت قاتلة. في الولايات المتحدة هناك أنواع بكتريا جديدة تكشف عن وجهها القبيح كل يوم. وهناك حشد من البكتريا الغامضة ظهر مع ظهور الإيدز.

في الوقت نفسه انتهى الجدري تمامًا منذ عام ١٩٧٢، ويوشك شلل الأطفال على الانتهاء.. أنا لم أرَ حالة «بيري بيري» أو «أسقربوط» في حياتي، بينما كانت هذه أمراضًا شائعة قاتلة منذ مائتَيْ عام.. من الصعب اليوم أن يموت أحد بسبب افتقاره إلى فيتامينَيْ «ب» و«سي» بالترتيب.

الحقيقة أن طب المناطق الحارة جاء ليبقى.. ولا ينسى مؤلف الكتاب أن يؤكد في رضا أنه لم يعد عِلمًا استعماريًا مخصصًا لخدمة الإمبراطورية، بل صار عِلمًا لكل البشر ومن أجل رفاهيتهم.

الأوبئة في ساحة الحرب

لعبت الأوبئة دورًا مهمًّا في معظم الحروب التي عرفها التاريخ، ونخص بالذكر الطاعون والتيفوس اللذين قهرا جيوشًا جرارة، لكننا هنا نتحدث عن الأوبئة كسلاح يستعمله أحد الطرفين عمدًا.

لعل أقدم مثال معروف لحرب بيولوجية هي الحرب التي بدأت بوباء الطاعون الأعظم عام ١٣٤١م. لقد حاصر التتار ميناء «كافا» (واسمه اليوم «فيودوسيا» بأوكرانيا) ورموه بالمنجنيق، فلما نفدت مقذوفاتهم استعملوا جثث من ماتوا بالطاعون في صفوفهم! هكذا بدأ الوباء يزحف نحو العراق والأناضول ومصر وشمال أوروبا.

وحتى العام ١٧١٠ ظل هذا التقليد متبعًا كما حدث عندما هاجم الروس أعداءهم السويديين بقذف جثث موتى الطاعون فوق أسوار مدينة «ريفال».

على أن الجيوش المحاصِرة ـ بكسر الصاد ـ كانت عبر التاريخ تلجأ لتسميم نبالها بفضلات بشرية لأن هذا يطيل التئام الجروح، أو تقذف ثياب المرضى على من تحاصرهم.

بطاطين الجدري

يحفظ لنا التاريخ كذلك ذكرى حرب بيولوجية مبكرة شنها «لورد جيفري أمهيرست» الحاكم البريطاني لكندا وفرجينيا، الذي حارب الفرنسيين والهنود معًا. كان الزعيم «بونتياك» زعيمًا هنديًا من أوتاوا يتعاون مع الفرنسيين، وكان ثائرًا مع قبيلته لأن البريطانيين لا يتعاملون تجاريًا معهم كما كان الفرنسيون يفعلون. هكذا بدأ خطر ثورة هندية شاملة يبدو في الأفق، دعك من أن الهنود كانوا مقاتلين شرسين فعلًا، وكانت الأرض تتعاون معهم، لذا كتب «أمهيرست» في مذكراته: «كل شجرة هنا هي هندي». رأى «لورد جيفري» أن الحزم مع الهنود هو السياسة المطلوبة، بينما اعتبر التعامل التجاري معهم نوعًا من الرشوة. كانت مشكلته الرئيسة هي القضاء على هؤلاء القوم الذين اعتبرهم دون البشر. فكر في استعمال الكلاب لقتلهم لكنه عدل عن الفكرة لأنه لا توجد كلاب كافية؛ لذا أرسل لهم عام ١٧٦٣ هدايا ثمينة جدًا، هي بطاطين ومناديل مشبعة بفيروس الجدري. لم يكن يعرف شيئًا عن المرض، لكنه فعل بالضبط ما هو مطلوب. فيروس «فاريولا ماجور» يظل معديًا في صورته الجافة لأيام طويلة وربما لسنين.

الوثائق المحفوظة في مكتبة الكونجرس تبين بوضوح أوامره بتلويث البطاطين (للخلاص من هذا الجنس المقيت). تبين كذلك أوامره للجنرال «بوكيت» الذي ارتبط اسمه بهذه البطاطين. ومن

الغريب أنه لم يبدِ رغبة مماثلة تجاه الفرنسيين، فقد كان يعتبرهم «عدوًّا جديرًا بالاحترام» على عكس الهنود.

لقد أدان التاريخ «جيفري أمهيرست» بقسوة، لكنه كذلك اعترف بحقه في أن يجن، لأن جنوده العائدين من كندا كانوا مصابين بالملاريا جميعًا، وكانت زوجته في حالة نفسية مريعة لا تريد سوى العودة لإنجلترا. لقد كان الرجل يختنق وأراد إنهاء الصراع بسرعة وبأي ثمن.

تبين الوثائق أن الجيش البريطاني كرر الهدية القاتلة عام ١٧٧٥، هذه المرة مع الأمريكيين الذين كانوا يُبلون بلاءً حسنًا في محاولة السيطرة على «كويبك». قام القائد البريطاني بتطعيم جنوده على طريقة الدكتور «جنر» ثم نشر الوباء. وقد تراجع الأمريكان بعدما دفنوا قتلاهم في مقابر جماعية.

في الحرب الأهلية الأمريكية كان الجنود الفيدراليون يقتلون الماشية ويلقون بها في موارد الماء التي يشرب منها جنود الاتحاد. لم يكن هذا كافيًا ليسبب أوبئة، لكنه بالتأكيد جعل مذاق الماء لا يطاق.

الحرب البيولوجية في القرن العشرين

كانت الحرب العالمية الأولى أقذر حرب عرفتها البشرية من حيث عدم وجود قواعد أخلاقية على الإطلاق، وقد استعملت القوات الألمانية جرثومة الجمرة الخبيثة بحرية تامة عام ١٩١٦ مع الجيش الروسي. كما أصابوا الماشية في عدة بقاع بداء الرعام (glanders). استمرت الحرب البيولوجية وتزايدت الحاجة لها مع الحرب

العالمية الثانية. من جديد عاد الجدري يطل برأسه كحلٍّ فعال لإنهاء الصراع، ودارت الفكرة في رأس العلماء الأمريكيين والبريطانيين كثيرًا. لكن كان اليابانيون عن حق سادة الحرب البيولوجية في الحرب العالمية الثانية والأعوام التي سبقتها. هنا يظهر اسم الوحدة ٧٣١ التي كانت تتظاهر بأن عملها تنقية مياه الشرب قرب «منشوريا»، لكنها في الواقع كانت تعمل في دأب لتطوير الأسلحة البيولوجية (الجمرة ـ «التولاريميا» ـ الطاعون). كان مؤسس الوحدة هو الدكتور «شيرو إيشي».. قصير القامة والبصر خريج جامعة كيوتو.. أقنع الحكومة أن البلاد الأخرى تطور أسلحة بيولوجية ضد اليابان، وهكذا صرح له بأن يعمل ما بوسعه كي لا تصير اليابان الضحية الوحيدة. اختار مجموعة علماء أكفاء يكرهون الصينيين بجنون، وبدأوا العمل، وكانت التجارب تتم على الأسرى الصينيين والكوريين. كل الدلائل تشير إلى أن الأمريكيين والبريطانيين كانوا يعرفون هذا جيدًا. عام ١٩٣٦ بدأت الوحدة تجربة إنتاجها في ميدان الحرب على الصينيين، وقد كانت في البداية تلجأ لوسائل بسيطة مثل إطلاق الحيوانات المصابة وسط الجنود أو رش البراغيث حاملة الطاعون من الطائرات، وهو ما تم فعلًا في إحدى الغارات على «ننجبو» عام ١٩٤٠. لا أحد يعرف عدد القتلى بدقة، وإن كان يدور حول مائتي ألف صيني. من الواضح أن النتائج كانت مشجعة. حتى قبل استسلام اليابان بشهر واحد كانت تخطط لإرسال طائرة انتحارية محملة ببكتريا الطاعون إلى «سان دييجو» بالولايات المتحدة. كان أول من أرسلته الولايات المتحدة إلى اليابان المستسلمة هو عالم البكتريا الشاب «الميجور

ساندرز»، الذي كان عليه أن يعرف ما وصل له اليابانيون بالضبط. وبعد الحرب أصدرت الولايات المتحدة عفوًا عن قادة الوحدة وعن «شيرو إيشي» نفسه، وكان ذلك بناء على رجاء من «ساندرز» للجنرال «مكارثر». وبدأت الولايات المتحدة تصمم برنامجها الخاص اعتمادًا على خبرات اليابانيين. عرف الجمهور الأمريكي المصدوم هذه الحقيقة عام ١٩٩٥ في مقال شهير اسمه مقال «كريستوف». والأدهى أنه عرف أن أسرى أمريكيين كانوا ضمن خنازير غينيا التي أجريت عليها هذه التجارب الشنيعة.

المثير للانتباه أن مركز الحرب البيولوجية الأمريكية كان في ولاية ميريلاند في «فورت دتريك». نفس المكان الذي يعمل فيه «بروس إيفينز» الذي سنقابله بعد قليل.

تتحدث وثائق الصليب الأحمر عن قيام عصابات الهاجاناه الإسرائيلية باستعمال بكتريا «التيفود» لتسميم مصادر الماء في عكا على الفلسطينيين، وقد قبضت القوات المصرية على هاجاناه متسللين يحاولون القيام بهذا العمل.

في الحرب الكورية استعملت الولايات المتحدة سلاح الحمى المالطية «البروسيلا» في قذائف مدفعية.

في أواخر الخمسينيات من القرن الماضي قرر الرئيس المصري جمال عبد الناصر أن يطور برنامجًا للحرب البيولوجية يتركز حول داءَي «التيفود» والكوليرا، وتم تخصيص جزيرة سرية في البحر الأحمر لهذا الغرض، وأنشئ مختبر زود بالأجهزة والقردة اللازمة للتجارب، ثم قرر عام ١٩٦٦ أن هذا المجال خطر أكثر من اللازم

ويصعب السيطرة عليه، لهذا قامت القاذفات المصرية بنسف المختبر والجزيرة كلها.

محاولة فاشلة للمنع

في العام ١٩٦٩ أصدر الرئيس الأمريكي «نيكسون» قرارًا رسميًّا بمنع أية بحوث في الحرب البيولوجية، وهو ما أدى لحرمان ٢٢٠٠ مستخدم من عملهم. وفي العام ١٩٧٢ وقَّعت الولايات المتحدة والاتحاد السوفييتي وبريطانيا ميثاقًا يُحرِّم استعمال هذه الأدوية، لكن طبائع الأمور تؤكد أن هذا لم يحدث. لا تنس أن قوانين جنيف تحرم الحرب البيولوجية منذ عام ١٩٢٥. وسرعان ما ظهر جاسوس روسي فارٌّ إلى الغرب اسمه «أليبكوف» ليؤكد أن الشركة السوفيتية «بيوبريبارات» المؤسسة عام ١٩٧٣ هي في الحقيقة مسؤولة عن تطوير برنامج عملاق للحرب البيولوجية، بالذات وباء الجدري باستخدام فيروس معملي مطور اسمه «إنديا ٦٧». لقد بذل السوفييت في السابق جهودًا عظيمة لتوفير لقاح فعال للجدري لكل البشر.. الآن يمكن فهم سبب حسن النية والكرم هذين.. عندما ينتهي إعطاء لقاح الجدري للبشر سيكون الجدري هو أشرس وباء في التاريخ.

من الصعب معرفة أية أقطار تحتفظ بالفيروس حتى اليوم، لكن الأمريكيين يشكون في روسيا بالطبع والصين وباكستان وإسرائيل وكوريا الشمالية.

كان هناك برنامج نشط في جنوب أفريقيا اسمه «كوست» وهو متخصص في تطوير جرثومة جمرة خبيثة لا يجدي معها لقاح ولا

علاج. المشكلة أن حكومة جنوب أفريقيا العنصرية وإسرائيل شيء واحد تقريبًا. طور هؤلاء العلماء كذلك جينًا أخذوه من بكتريا «كلوستريديام برفرنجنس» التي تسبب داء غنغرينا الغاز، وزرعوه في بكتريا «إي كولاي» واسعة الانتشار. إذن نحن نتكلم عن وباء غنغرينا يجتاح المجتمع، وبالطبع مع زوال حكومة الأبارتايد فإن ترسانة الحرب البيولوجية هذه معروضة لمن يدفع أكثر.

عرف الأمريكان هذا عندما عرض أحد العلماء من جنوب أفريقيا بيع بكتريا من إنتاجهم للولايات المتحدة. كان اسم الرجل «دان جوسن»، وقد أرسل العينات لأمريكا في أنبوب معجون أسنان. أصيب الأمريكان بالهلع عندما رأوا البراعة والإتقان اللذين تم بهما تصميم البكتريا.

من المؤكد حسب الوثائق أن هناك بكتريا تم تطويرها جينيًا واختفت فجأة من هذه المختبرات. هذا حدث فعلًا وليس خيالًا علميًا.

مع تزايد خطر الإرهاب تتحسب الولايات المتحدة لهجمة بيولوجية؛ لذا تنفذ تدريبات تدعى «الشتاء المظلم»، وفي رأي المراقبين أن نتيجة التدريبات مخيبة للأمل جدًا حتى الآن. إن لفظة وباء في حد ذاتها تسبب هلعًا يتوقف معه أي تفكير مرتب، وينسى الناس ما تدربوا عليه، ويحدث شلل في كل شيء.

الوباء في بيتنا

في ٢٧ يوليو عام ٢٠٠٨ انتحر عالم الميكروبيولوجي الأمريكي «بروس إيفينز» بجرعة عالية من «الباراسيتامول». لهذا الانتحار قصة

طويلة.. لكن يجب أن نعرف أنه كان قد استُدعي للتحقيق باعتباره المتهم الوحيد في أول قضية إرهاب بيولوجي للقرن الواحد والعشرين.

في ١١ سبتمبر ٢٠٠١ حدث شرخ لا يلتئم في حاجز الأمان الأمريكي عندما اقتحمت الطائرات برجَي مركز التجارة العالمي، وهنا كانت الطامة الكبرى بعد أسبوع واحد عندما راح عدد كبير من الأفراد بالولايات المتحدة، منهم إعلاميون وأعضاء بالكونجرس، يتلقون طرودًا مبهمة.. الذين فتحوا الطرود لم يدركوا إلا متأخرًا أنها تحوي جراثيم مرض الجمرة الخبيثة، والنتيجة هي مصرع خمسة وإصابة سبعة عشر مواطنًا. بعض المرضى أصيبوا بجمرة الجلد وبعضهم أصيبوا بجمرة الرئة الأشد خطرًا.

كما يحدث مع ظهور الأوبئة، لم يشخص أحد حالة المريض الأول في البداية.. مجرد قيء متكرر وصعوبة تنفسية. توفي هذا المريض الذي كان صحفيًا في جريدة «صَن»، وبعدها بدأت الخطابات تتكرر، وعرف الأطباء أن الخطابات تحوي مسحوقًا بنيًا هو ميكروب الجمرة الخبيثة. والمشكلة هي أن العينات كانت تتزايد نقاء مع الوقت.

كانت هناك خطابات كتبت بإنجليزية رديئة مع العينات، تقول في معظمها: «خذوا البناسيلن (هكذا) الآن.. الموت لأمريكا.. الموت لإسرائيل.. الله أكبر».

هذه حيلة لم تنطلِ على المحققين الأمريكيين طبعًا، فالتقنية المستعملة تحتاج إلَى مختبرات عالية التقنية لا يمكن أن تتوفر للإرهابيين، ومن المستحيل تركيب هذه الجراثيم في كهف. هذا ليس إرهابًا إسلاميًا بل هو شخص يتظاهر بذلك، لكن شهية

الأمريكيين كانت قوية لاتهام شخص من الشرق الأوسط. كانت هناك حروف أكثر وضوحًا وسمكًا من سواها في الخطابات وتحدد عبارة «TTT AAT TAT». قدر المحققون أن هناك رسالة مخفية في الخطابات.. وفيما بعد عرفوا أن الفاعل كان مهتمًّا بكتاب عن الشفرات، وكيف يمكن عمل شفرة بوساطة تركيب القواعد في الحمض النووي؛ لهذا كانت العبارة ترمز إلى حروف «FNY» أو «PAT». العبارة الأولى نوع من السباب لمدينة نيويورك والعبارة الثانية هي اسم مساعد الفاعل.

قامت الاستخبارات الفيدرالية بتحريات واسعة مضنية عن مصدر هذه الخطابات، خاصة مع خطابات عديدة زائفة تقلد الخطابات القاتلة. في البداية سادت إشاعة أن الجراثيم تحوي مادة «البنتونايت»، وكان هناك بلد واحد يستعمل هذه المادة في أسلحته: العراق. لكن البيت الأبيض أصر على أن العينات لا تحوي سوى السيليكا، ولغرض لم يعرفه العلماء قط.

تم تعقب الحمض النووي في البكتريا التي تم فصلها مع أول حالة، واستغرق هذا شهرًا. وتبين أن الجمرة تم زرعها قبل إرسال الخطاب بعامين. أما الماء المستخدم في المزرعة فكان من مصدر في شمال شرق الولايات المتحدة. قاد الفحص في عام ٢٠٠٦ إلى أن الزجاجة التي أخذت منها الجراثيم كانت تحمل رقم «RMR-1029».. وكان هناك رجل واحد مسؤول عنها هو «بروس إيفينز».

قررت الاستخبارات الفيدرالية أنه من الممكن أن يقوم رجل واحد بهذا العمل المتقن، وفي مختبر بالبدروم، بتكلفة تبلغ ٢٥٠٠ دولار.

وفي العام ٢٠٠٨ وجهت الحكومة أصابع الاتهام نحو الباحث «بروس إيفينز» الذي كان يعمل في الحرب البيولوجية في «فورت دتريك». والحقيقة أن رجال الاستخبارات الفيدرالية جعلوا حياته جحيمًا وكانوا يفتشون بيته كل يوم. ظل العلماء في حيرة لأنهم لا يصدقون أن تبلغ قدراته هذا الحد.. تحويل الجرثومة إلى شيء يُشم يتعلق بفرع آخر تمامًا من العلم، فهذا يقتضي أن يكون حجم دقيقة السائل المتطاير ١–٥, ١ ميكرون.. لو زاد حجم الدقيقة عن هذا فلن تصل للمجاري التنفسية السفلى، ولو كانت أصغر فالمرء يسعلها ويتخلص منها. يجب كذلك أن تكون معزولة عن الشحنات الكهربية وتقاوم أشعة الشمس.

كان «إيفينز» في الثانية والستين عندما توفي ـ منتحرًا على الأرجح ـ وكان عالم ميكروبيولوجي وخبير لقاحات يعمل في «فورت دتريك». قضى ٣٦ عامًا من حياته مع الحرب البيولوجية، وكان له اهتمام خاص بمرض الجمرة الخبيثة. بل إنه من فريق العلماء الذين قاموا بتحليل الخطابات السامة، وهو ممن تبنوا نظرية «البنتونايت» التي تشير بالاتهام للعراق، مما يجعل رجال الاستخبارات يشكون في أن تقريره احتوى معلومات مضللة عن عمد. وحتى في العام ٢٠٠٨ كتب ورقة علمية عن الجمرة وكيفية مكافحتها باللقاح، واستشهد بهجمات الجمرة التي وقعت عام ٢٠٠١. انتحر قبل أن يوجه له مكتب الاستخبارات الفيدرالي اتهامًا رسميًا بأنه المسؤول عن هجمات وباء الجمرة، وهي تهمة كانت ستؤدي إلى الإعدام غالبًا. من الناحية الشخصية كان «إيفينز» كاثوليكيًا متدينًا، وإن حمل احترامًا شديدًا

لليهودية لدرجة أنه اعتبر اليهود شعب الله المختار فعلًا. وفي الأعوام الأخيرة بدأت علامات عدم الاستقرار تظهر عليه، مع اكتئاب شديد، مما دعا رؤساءه إلى حظر دخوله للمناطق الحساسة في المشروع.

زملاء «إيفينز» لا يصدقون بتاتًا أنه فعل ذلك، فالعملية على كل حال تقتضي عامًا من العمل الشاق، وبالتأكيد كانوا سيشعرون بما يقوم به أو يحدث تسرب كارثي في أي وقت. يقول زميل له للجنة التحقيق: «يشبه الأمر أن تحدث جريمة قتل فتقبض على بائع السلاح، لمجرد أن الرصاصة المستخدمة تطابق الرصاص الذي عنده».

البعض الآخر لم ينفِ أن يكون «إيفينز» ضالعًا في هذه الجريمة، لكنه استبعد تمامًا أن يكون الرجل قد عمل وحده. لقد مات الرجل بسره، لكن هل هناك في الحكومة الأمريكية من يعرف ما هو أكثر؟

إن الحرب البيولوجية موضوع طويل شائك.. والأسوأ أن كل الدلائل تؤكد أن الكتاب لم يُغلق بعد... ما زالت هناك فصول ستُكتب فيه بلا شك. لهذا تبقى أساليب الوقاية من حرب بيولوجية محتملة موضوعًا مهمًّا للأمن القومي العربي.

ذكريات الطاعون!

قال لي صديقي في دهشة:

ـ أنت المجنون الوحيد الذي يمكن أن نجد عنده كتابًا اسمه «التيفوس والتاريخ»!

لم أفطن قبل اللحظة إلى أن هذا الكتاب المهم الذي كتبه عالِم الأوبئة «زنسر» يحمل عنوانًا غريبًا لهذا الحد. الحقيقة أنني تعلمت الاهتمام بتاريخ الأوبئة من هذا الكتاب بالذات، وكان يحوي دراسة مهمة عن أوبئة الطاعون في التاريخ، حيث يرى المؤلف أن معظمها كان أوبئة تيفوس في الواقع، لكن قدرات الطب في ذلك الوقت اعتبرت أي وباء طاعونًا.

تذكرت هذا الكتاب المهم كما تذكرت كتابًا آخر هو «أمراض لها تاريخ» للدكتور حسن فريد أبو غزالة، الذي صدر عن مؤسسة الكويت للتقدم العلمي (طبعة أولى ١٩٩٥). أما وقد كثر الكلام عن الطاعون، فإنني أرجع لهذين الكتابين القيمين، وقبل أن أتكلم أقول إن التقدم العلمي جعل الطاعون وباءً محدود الخطر بلا شك، فلا ينبغي أن يكون غرض هذا المقال إثارة الذعر بل هو العلم بتاريخ هذا المرض.

منذ فجر التاريخ يخشى الإنسان الفئران، ويربطها بالشر والدنس، وقد قالوا عن الفأر إنه من الحيوانات القليلة التي تستفيد ولا تفيد غيرها.. سريع التوالد إلى درجة أنه لو تزوج فأر وفأرة ولم يلحق شر بذريتهما، فإنهما سيضيفان للعالم ١٥ ألف فأر خلال عام! هناك فأر لكل إنسان على وجه الأرض. لقد برهنت الفئران على قدرتها على التكيف والبقاء، لدرجة أنها الكائنات الوحيدة التي تنجو بعد التجارب النووية التي يجريها الجيش الأمريكي في المحيط الهادي. عرف الإنسان أن الطاعون والفأر يتلازمان، لكنه لم يربط بينهما بعلاقة السببية، ولم يعرف الثلاثي «فأر ـ برغوث ـ إنسان»، وإن لاحظ العظيم ابن سينا قبل سواه أن خروج الفئران من جحورها لتمشي مترنحة وتموت، هو نذير شر مستطير يسبق الوباء.

يظهر الطاعون كوسيلة محببة للانتقام السماوي في النصوص اليهودية، فمثلًا يزعمون أن الفلسطينيين عام ١٣٢٠ ق م في أشدود سلبوا التابوت المقدس، فعاقبهم الرب بأورام في مواضع سرية من أجسادهم.. الوصف يوحي بشدة بالطاعون الدملي.

أما عن طاعون «جستنيان» فهو الوباء الأشهر في التاريخ.. الاسم منسوب لإمبراطور بيزنطة الذي حكمها عام ٥٢٧. يقول المؤرخون إن الوباء بدأ من مصر في قرية الفرما، ثم سار عبر أرض فلسطين ثم بيزنطة.. وفي كل يوم كان يموت عشرة آلاف رجل.. وندر الحفارون، وعمد الناس إلى الأبراج ينزعون سقفها ويملأونها بالجثث.. ويصف أحدهم الوباء قائلًا: «تظهر دمامل

في أعلى الفخذ، لا يعيش معها المرء إلا أيامًا معدودة.. وخلت القرى من المزارعين والمدن من السكان.. وقد عمر الوباء خمسين عامًا».

عرف الجنود المسلمون الطاعون في عام ٦٤٠ عند عمواس الفلسطينية. توفي قائدهم أبو عبيدة بن الجراح، ومعه يزيد بن أبي سفيان ومعاذ بن جبل، ومعهم ٢٥ ألف جندي من المسلمين.. وكان عمر بن الخطاب رضي الله عنه متجهًا ليتفقد أحوال الجيش، فلم يدرِ هل يواصل أم يعود.. هنا ذكر له عبد الرحمن بن عوف الحديث النبوي الشهير: «إذا سمعتم بالوباء في بلد فلا تقدموا عليه، وإذا وقع وأنتم فيه فلا تخرجوا فرارًا». كان هذا هو القول الفصل، فقرر الرجوع.

عام ١٣٤١م يظهر وباء الطاعون الأعظم من وسط آسيا.

بدأ الأمر بمجموعة من التجار الإيطاليين العائدين من الصين، طاردهم التتار فاضطروا للفرار نحو أسوار ميناء «كافكا». دام حصار التجار ثلاثة أعوام وفي ذات يوم نفدت مقذوفات التتار مما جعلهم يستعملون نوعًا جديدًا من القذائف: جثث من ماتوا بالطاعون في صفوفهم! هذه كانت أول حرب بيولوجية في التاريخ. وهكذا بدأ الوباء.

ثم عاد التجار الإيطاليون فارين لبلادهم، فبدأ الوباء يزحف نحو العراق والأناضول ومصر وشمال أوروبا.. وبسببه خلت غزة وجنين ونابلس من سكانها.

عام ١٣٥٠ أعلن البابا «كليمنت السادس» تحديد العام للحج إلى الفاتيكان كي يتطهر الناس من الخطيئة. هذه كانت أسوأ فكرة ممكنة، لأن مليونًا ونصفًا من الحجاج قصدوا الفاتيكان، لم يعد منهم سوى العُشر.

وقد دام الوباء ٣٠٠ عام، وفي حلب كان الناس يدفنون عشرين جثة في القبر بلا غسل ولا صلاة.. لقد بلغ عدد القتلى يوميًّا ألف واحد. وقد كتب محرر إيرلندي يصف الوباء في فقرة يقول في نهايتها: «إنني أنتظر الموت...». وفعلًا لم يستكمل الجملة.. وقد قيل إن نظرات المريض ذاتها تنقل المرض.. لهذا كانوا يعصبون عينيه، وقيل إن السبب هو رائحته.. لهذا انتشرت صناعة العطور.

وزحف الوباء إلى المغرب عام ١٤١٥ فقتل ٣٦ ألفًا في شهر واحد. وبدأ النظام الإقطاعي يتراجع بسبب موت الفلاحين.

هكذا يستمر هذا الخصم المخيف يهجم ويتراجع.. يهجم ويتراجع.

لا يعرف أحد لماذا سمي بالموت الأسود.. هل بسبب النزف في الجلد؟ لكنه انضم لرفاقه الملونين: الموت الأبيض (السل) والموت الرمادي (الزهري). لم يكن لدى الأطباء ما يفعلونه، وكان الطبيب يلبس ثيابًا غريبة وقناعًا يشبه رأس الطائر قيل إنه يقيه من العدوى. وقد ابتكر بعض الأطباء صابونًا من صديد مرضى الطاعون قيل إنه يعطي الوقاية!

تخيل رجال الشرطة يفتشون البيوت، فإذا وجدوا مريض

طاعون أغلقوا البيت على من فيه، ورسموا على الباب صليبًا أسود مع «فليرحمنا الله». تخيل الحجر الصحي الذي يدوم أربعين يومًا، وتخيل إعدام من يحاول الفرار من منطقة موبوءة.. اتهموا اليهود بأنهم السبب في الوباء لأنهم يسممون الآبار، وحكم على كل يهودي في «فرانكفورت» أن يسلم للسلطات ٥٠٠٠ ذيل فأر كل عام.

إن مشهد السفينة التي مات كل من فيها بالطاعون فمشت وحدها في البحر في قصة «دراكيولا»، ليست خيالية تمامًا، فقد وقعت لسفينة محملة بالبضائع غادرت ميناء لندن ثم ظلت تطفو بلا هدى حتى وصلت ميناء في النرويج.

لم يهمد الطاعون لحظة واحدة، ففي العام ١٩١٠ يهاجم الحي الصيني في «سان فرانسسكو» بالولايات المتحدة، فلم يوقفه إلا الحريق الشهير الذي اجتاح المدينة.

على أن نهاية المرض كانت قادمة عام ١٨٣٥ على يدَي «يرسين» تلميذ «باستير»، السويسري النابغة الذي اكتشف البكتريا المسببة للمرض، و«كيتاساتو» الياباني تلميذ «كوخ».. وهكذا اختار الأول للميكروب اللعين اسم «باستوريلا بستيس» تكريمًا لأستاذه، لكن العلماء أصروا على تسميته «يرسنيا بستيس». فيما بعد عرف دور الفئران في المرض.. وعام ١٩١٤ عرف دور البرغوث.

وبعد أعوام توصل «هافكين» إلى ابتكار لقاح موفق للمرض، وإن لم يعد متوفرًا بسبب ندرة الوباء.

هكذا وبعد اكتشاف المضادات الحيوية، وتطور الطب الوقائي

يمكن للعالم أن يعلن أخيرًا هزيمة الطاعون! هناك خطر قادم من الغرب، ولكن تذكر أننا لو كنا قبل هذا بمائتي عام لكان الموتى مكدسين في الطرقات لا سمح الله.. لقد جئنا في الزمن الصحيح. إنها بؤرة سوف تتم محاصرتها سريعًا، ويبقى الخطر الحقيقي هو ذلك المرض غريب الأطوار «إنفلونزا الخنازير».

علم «الفودوو»

الطريف في فنون التخويف

تأخر الخطاب كثيرًا لكنني كنت أدرك يقينًا أنه قادم، ومع الوقت بدأت أقلق.. هناك خلل في بريدي أو في شخصي بالتأكيد.. ربما أنا لا أستحق أن ينذروني؟

ثم جاء الخطاب الذي انتظرته طويلًا.. الحمد لله.. الدنيا ما زالت بخير.

خبيرة غذائية تحذرنا من استعمال المكرونة الآسيوية الدقيقة المسماة «إندومي»، التي يدخل في تكوينها ملح صيني يدعى «إجني موتو»، وهو يسبب تلفًا في خلايا المخ ويسبب سرطان الدماغ. إن «الإندومي» تحتوي مادة «E621» التي تسبب تسمم المخ، وتسبب تراجع الذاكرة وضعفها، وتدهور القدرات العقلية وفقدان القدرة على التركيز ومعالجة الأمور الحسابية أو الرياضية المتوسطة، ثم تؤدي إلى غباء فعلي بدون مبالغة. كذلك تؤدي «الإندومي» إلى الإصابة بالشلل الرعاش وألزايمر والصداع المزمن، ومع الاستمرار في تناولها تؤدي للسرطانات مثل سرطان الثدي وارتفاع الكولسترول

وضغط الدم والأزمات القلبية الحادة وغير ذلك الكثير... ونحن ـ والكلام لخبيرة التغذية ـ نقدمها ونجعلها الوجبة الرئيسة للعشاء لفلذات أكبادنا، ونستغرب عندما نراهم لا ينامون، ونراهم في المنزل يجرون ويصرخون ويقلبون البيت، وتظهر منهم مشاغبات ليس لها حد، ونقول هذا جيل اليوم.. أما حان الوقت لنأخذ موقفًا من هذه المنتجات والتأكد من مكوناتها، والبحث عن مضارها ومنافعها قبل استعمالها؟

وهكذا أضيف عنصر جديد إلى قائمة الإنذارات اليومية التي سترسل بنا إلى معهد الأورام ثم القبر. كلنا ذاهبون للقبر قطعًا، لكن لا يحب أحدنا أن يسبق ذلك ترانزيت في معهد الأورام أو مركز الكلى أو معهد الكبد لا سمح الله. على كل حال يسهل تصديق هذا الخطاب جدًّا لأن كل أب يعتبر أبناءه أغبياء وغير طبيعيين.. ما هو السبب؟ لا يمكن أن يكون السبب وراثيًّا لأنه ـ الأب ـ عبقري.. إذن المشكلة فيما يأكله هؤلاء الأوغاد الصغار. هذا الخطاب بالذات قوي التأثير جدًّا لدرجة أنه أدى لصدور فتوى عراقية تقضي بتحريم أكل «الإندومي»، ولا لوم على صاحب الفتوى طبعًا لأنه استند إلى كلام العلماء الذي يقضي بوجود ضرر أكيد.

هذه القائمة الطويلة من الأمراض التي تسببها «الإندومي» ـ كأنك تتعامل مع مخلفات الشيطان ـ تثير الريبة فعلًا. عندما يشكو لي المريض من رأسه وقلبه ومعدته وقدميه وتنفسه، فإنني أرجح أن المرض الحقيقي موجود في عقله.

مادة «مونو صوديوم جلوتامات» أو «MSG» هي نفسها «E621»،

ونحن نعرف أنها تستخدم كمُكسب طعم في كل شيء تقريبًا. معظم الدراسات التي أجريت عليها تقول إنها مأمونة بالجرعات العادية.. لو أخذت أي شيء بجرعات زائدة حتى لو كان «فيتامين أ» فهو مضر بالتأكيد، وبالطبع هناك أشخاص قد يكونون مصابين بحساسية لـ«الجلوتامات»، أو لا يجب أن ينالوا جرعات إضافية من الصوديوم. هم يعرفون هذا، لهذا اشترطت الحكومات كتابة أن المنتج يحتوي هذه المادة. الدراسات كثيرة جدًّا لأن هذه المادة مفضلة للذعر.. ومن حين لآخر يعود الكلام عن أنها خطرة أو مسرطنة.. لكن العالم الأمريكي «هارولد مكجي» يؤكد في كتابه «عن الطعام والطبخ: العلم وتقاليد المطبخ ـ ٢٠٠٤» خلاصة هذه الدراسات التي تؤكد أن هذه المادة بلا أي خطر. نفس الشيء أكدته الـ«FDA». الصينيون أجروا دراسة مدققة واسعة فوجدوا أن الخطر الوحيد لهذه المادة زيادة الوزن.

على كل حال تبين أن هذا التهديد الزائف يدور عبر الإنترنت منذ عام ٢٠٠٧، وهناك تهديد زائف آخر يعود لعام ٢٠٠٠ عن أن الأكواب الرغوية التي تقدم فيها «النودلز» تسبب تسممًا بالمادة الشمعية المغطية للمكرونة. كلام فارغ هو الآخر.

تهديد آخر من هذا الطراز العجيب يتعلق بأكل الجمبري: لو أكلت جمبري ثم أكلت بعده البرتقال أو أقراص فيتامين «سي» فأنت تكتب شهادة وفاتك. الباحثون في جامعة شيكاغو وجدوا أن لحم الروبيان ـ الجمبري ـ يتضمن تركيزًا عاليًا من مركبات الزرنيخ مع البوتاسيوم. مع فيتامين «سي» يتحول الزرنيخ إلى ثالث أكسيد الزرنيخ، ويقتل الشخص الأحمق. حتى قبل أن تبحث عن المعلومة،

فمن الصعب تصور أن يؤكسد فيتامين «سي» الزرنيخ بينما هو عامل مختزل معروف.. فيتامين «سي» لا يؤكسد بل يمنع الأكسدة! طبعًا تبين أن هذا التهديد كلام فارغ خالٍ من الصحة، وهذه الإشاعة تجوب شبكة الإنترنت منذ عام ٢٠٠١، ولا يبدو أنها ستموت أبدًا لأن كل واحد يعرفها يعتقد أنه عرف شيئًا لم يعرفه أحد من قبل.

ما أريد قوله هنا يتلخص في نقاط:

١ ـ نصف العلم ألعن من الجهل بمراحل، والإنترنت كما أفادت، نشرت الجهل والمعلومات الخاطئة بسرعة البرق. ومن الصعب أن تقرر: هل انتشار المعلومات الخاطئة أفضل أم عدم انتشار المعلومات على الإطلاق؟

٢ ـ في قصة لـ«برخت» يحكي عن رجل لم تعد لديه لذة في الحياة سوى الكلام عن السرطان الذي أصيب به.. هنا نجد أن الناس لم تعد لديها لذة في الحياة سوى التهديد بالسرطان.. هذا ما أطلق عليه «شهوة السرطان» حيث كل شيء مسرطن، وهذا الكلام يظفر بالتصديق دومًا بسرعة البرق. بعض التحذيرات حقيقي وثابت علميًا ولا يحتمل المزاح، مثل أن رقائق البطاطس التي يلتهمها الجميع تحتوي مادة «الأكريلاميد» المسرطنة، ومثل أن السواد الدفين تحت قشرة البصل هو مادة «أفلاتوكسين» التي تسبب سرطان الكبد... لكن هناك الكثير من الهراء كذلك: موجات الميكروويف تسبب السرطان (بحثت بدقة عن هذه النقطة وأعرف يقينًا أنها كاذبة). وفي أحد المؤتمرات العلمية الكبرى وقف أستاذ مصري كبير ليؤكد أن

عقار «البرازيكوانتل» الذي أنقذ مصر من «البلهارسيا» يسبب السرطان، وهنا سأله أحد الأساتذة الذين يديرون الجلسة: «أين قيل هذا؟». قال مصرًّا: «في الأبحاث.. في كل مكان». هنا قال الأستاذ الثاني: «أنا لا أتحمل مسؤولية أن تقال هذه الكلمات غير المسؤولة في مؤتمر علمي، وأمام مئات من شباب الأطباء، الذين سيعتقد كل منهم أن هذا العقار الرائع يسبب السرطان، وبالتأكيد لن يكتبوه بعد اليوم بسببك». نفس الشيء قيل عن عقار آخر مهم هو «رانيتدين».. لا مشكلة.. قل عن أي دواء إنه يسبب السرطان، وسوف يصدقك الجميع لأن الناس تحب أن تكون الأطعمة والأدوية خطيرة وقاتلة، وتكره جدًّا من يقول العكس.

٣ـ جزء كبير من هذه الحملات يتعلق بمعارك طاحنة بين علامات تجارية.. إشاعة أن البيبسي كولا تنقل التهاب الكبد «سي» هي بالتأكيد من هذا الطراز. طبعًا يعرف أصغر طالب طب أن هذا كلام فارغ. هناك كذلك الرغبة في الشعور بالتميز وأنك تعرف ما لا يعرفه الآخرون. لا ألوم المواطن العادي الذي لا يعرف، لكني ألوم الأطباء الذين يجرهم تيار الخرافة معه وهم قادرون على التحقق.. عندما يقول طبيب على شاشة التلفزيون إن الجزر ـ مثلًا ـ يسبب السرطان، فهل تلوم المواطن العادي عندما يخاف؟

٤ـ الخوف موجات.. موجة الخوف من جنون البقر ـ الذي لم يثبت قط أنه ينتقل من اللحم للبشر ـ ثم ظهرت إنفلونزا الطيور..

هذا مرض حقيقي مخيف، لكنك قادر على الوقاية منه ببعض التعليمات الصحية، والتخلص من جلد الدجاج والطهي الجيد والابتعاد عن أي مكان تغطي أرضه مخلفات الدجاج. لكن الناس أصيبوا بالذعر، وهكذا نسوا ما كان وعادوا يأكلون اللحم.. ثم ظهرت إنفلونزا الخنازير فنسي الناس كل شيء عن إنفلونزا الطيور وعادوا يأكلون الدجاج! ومن جديد لا لوم عليهم فلا بد أن يأكلوا شيئًا، لكني ألوم الإعلام غير المسؤول وثقافة الرعب السائدة. أحيانًا يلعب النجوم دورًا في هذا.. مثلًا كان هناك برنامج جماهيري استضاف الفنان محيي إسماعيل ليعلن إعلانًا خطيرًا: هو لن يأكل أي شيء بعد اليوم! كل شيء ملوث مسمم وخطر، وتكلم عن الدودة التي تسكن عروق ورقة الخس لتبدو مثلها بالضبط فنلتهمها.. بعد هذا العمر لم أسمع عن هذه الدودة قط. لا بد من طريقة انتقال تتحمل العصارة المعدية والحمض، والخس لا ينقل «الفاشيولا» أو الإسكارس بهذه الطريقة أبدًا.

٥ ـ لا بد من أن يزداد حظنا من العقلية النقدية: هل هذا ممكن؟ ما الدليل؟ لا تصدق كل شيء بل كن وغدًا متشككًا.. بعض البحث على شبكة الإنترنت في المواقع المحترمة (وليس المنتديات) مفيد، وقد يفيد كذلك استشارة من تعرف من أطباء. ولا ترسل الرسالة لطرف ثالث قبل أن تكون واثقًا من أن هذه هي الحقيقة.

<h1 style="text-align:center">«أناميد مودن»</h1>

في فترة قصيرة لا تتجاوز يومين، قرأت في الصحف خبرين عجيبين يثيران الكثير من الأسئلة والخواطر السلبية.

الخبر الأول يتكلم عن طالبة صغيرة اكتشفت علاجًا لفيروس «سي». يقول العنوان إن التكلفة تتلاشى تليف الكبد (يعني إيه؟)، وقيل للطالبة: «بحثك هيتحققك بمصر كمان تلاتلاف سنة». ما معنى هذه الجملة الأخيرة؟ هل يعني أن البحث سيتقدم بمصر ثلاثة آلاف سنة؟ أم يعني أنه لن يتحقق إلا بعد ثلاثة آلاف سنة؟ هذا يؤكد ما أعتقده دائمًا من أن اللغة تعكس طريقة التفكير، والشخص مرتب الفكر يتكلم لغة جيدة سليمة واضحة المعاني.

يقول الخبر الغريب إن فكرة العلاج التي ابتكرتها الطالبة تعتمد على عمل هندسة وراثية للخلايا «الجزعية» ـ والله العظيم أعرف أنها بالذال (جذعية) وليست بالزاي، لكن دعنا نتجاهل هذا ـ من خلال إفراز كمية إضافية من «الإنترفيرون» الطبيعي، لافتة إلى أن «الإنترفيرون» يفرز طبيعيًّا من الخلايا المناعية بالجسم، والتي تمنع

تكاثر الفيروس وتحمي الخلايا من دخولها، ولكن يفرز بكميات قليلة بالنسبة لفيروس «سي»، والتي يتم تزويدها بالحقن.

وأضافت الطالبة أنها لن تستخدم في علاجها «أناميد مودن» أو حيوانات. لاحظ أنها تتكلم عن «أنيمال موديل» أو «نموذج حيواني»، لكن محرر الخبر يعرف الإنجليزية على طريقة الترجمانات فقط معتمدًا على السماع. قالت الطالبة إن العلاج سيتم من خلال استخلاص «الإنترفيرون» من كرات الدم البيضاء بالفرد المصاب، ويتم استخلاص الخلايا «الجزعية» من نخاع العظام من المريض نفسه، حتى يتم التوصل إلى التوافق بنفس الجينات ولا يرفضها الجسم، ثم يتم بعد ذلك وضع «الإنترفيرون» في الخلايا «الجزعية» المتواجدة بالجسم. الخلايا «الجزعية» يتم تحويلها إلى خلايا كبد ثم يتم وضعها في مكان الخلايا التالفة بسبب الفيروس، لافتة إلى أنه حينما يحاول الفيروس مهاجمة الكبد مرة أخرى يتم التصدي له من خلال إفراز كميات إضافية من «الإنترفيرون» ضده.

واستطردت الطالبة: «لم أستطع التواصل مع أي مستثمرين، وحينما عدت إلى مصر هناك مَن سخر مني، وهناك من قال: «إمكانياتك مش في مصر، وبحثك ده خيال وممكن يتحققك كمان ٣ آلاف سنة»»، مضيفة: «أحاول الآن التواصل مع المسؤولين عن البحث العلمي في مصر، لكني لم أستطع ذلك حتى الآن».

هل فهمت شيئًا من هذا الاكتشاف؟ لا يوجد منطق علمي ولا شيء، ومن الواضح أنها لا تعرف الكثير عن الخلايا الجذعية

ولا الفيروس «سي» ولا «الإنترفيرون». هذا كلام يبدو مقنعًا، لكن لو دققت في المنطق لوجدت أنه تهاويم خيالية لا تمت للعلم بصلة، على طريقة جلسات المقاهي: «ممكن بقى نعصر السحاب نطلع منه مية نستصلح بها الصحراء.. نهارنا عسل بإذن الله». الغريب أن معظم التعليقات في الصفحة تشيد بهذا الكشف العظيم الذي سيذهل العالم، وتشتم المسؤولين متحجري الفكر في مصر.

للمرة الألف أكرر فقرة لي من مقال قديم:

هناك افتراض مصري راسخ وساذج أن المصري عبقري لكن ليست لديه إمكانيات، بينما الألمان واليابانيون أغبياء، لكن لديهم الكثير من المال. الحقيقة أن المصري ليس أذكى من الأجناس الأخرى وليس أغبى، لكن نظم التعليم الفاسدة تؤذيه جدًّا... يعلن أحدهم عن كشف غامض، ثم يسرع ليتوارى خلف جدار حصين.. الجدار عبارة عن مقولات نسمعها كل يوم: «لن نتقدم أبدًا لأن النفوس وحشة ونحن نحقد على بعض»، «عندنا العلم كله بس يا خسارة»، «المصري لا يجيد سوى هدم المصري»، «الشركات العملاقة يهمها ألا تظهر هذه الحلول الرخيصة». وراء هذا الجدار ظهر ألف علاج للسرطان وألف علاج للسكري وألف علاج لالتهاب «سي»، والويل لمن يجرؤ على التشكك أو يدعو للتعقل.. إنه حاقد ومن حزب أعداء النجاح، ولا يجيد سوى الهدم. فقط يتكفل الزمن بأن يكشف الحقيقة بعدما يكون الناس قد أنفقوا الملايين وأحرقوا جبالًا من الأحلام.

لا كرامة لنبي في وطنه، لكن كل الكرامة والمجد والمال والشهرة لمدعي النبوة في وطنه.

لا يمكن أن نتهم الصحفي طيلة الوقت، فهو في النهاية غير متخصص، لكن كان بوسعه أن يسأل المتخصصين. لو وجدت بحثًا هندسيًا يتكلم عن جهاز يستخدم أشعة جاما لتخويش اللدائن البوليمرية باستعمال الدرفلة من دون البثق والتفريز، فإنني لن أكذِّب ولن أنبهر.. سوف آخذ رأي مهندس قبل أن أكتب حرفًا. لو كنت أنت مهندسًا وتجد كلامي هذا فارغًا، فإن بوسعك أن تفهم شعوري عندما أقرأ عن الخلايا الجذعية التي سنزيد إنتاجها من «الإنترفيرون»، كأن هذه النقطة فاتت مختبرات الشركات العملاقة الساهرة من أجل فيروس «سي» في ألمانيا وأمريكا وفرنسا وإنجلترا. بالطبع سوف أستبعد وجود قدر من مجاملة الطالبة بنشر هذا الخبر، لأنها قريبة الصحفي أو ابنة صديق عمره.

سوف نتجاهل هذا الخبر إذن ونتجاهل «الأناميد مودن»، وننتقل لخبر آخر في جريدة محترمة:

هذا خبر عن حكيم من كوكب «نيبيرو»، وهو الكوكب الحادي عشر في المجموعة الشمسية حسب الخبر، أرسل لفلكي مشهور في مصر رسالة.. يؤكد الفلكي المشهور أن كوكب «نيبيرو» تخفيه «ناسا». يبدو أن «ناسا» هذه لا عمل لها سوى إخفاء الحقائق عن الناس.

يعيش في «نيبيرو» قبل البشر، حكماء وعلماء حيث
يمتدح النبي محمد والمسيح عيسى ابن مريم وأنهم
على الحق وأديانهم.

وقال الحكيم للفلكي:

إلى أهل الأرض لا تخافون ولا تخشون من أحد لأنه
لكم مكانًا بيننا منذ ألفي سنة كان يلقى بكل من آمن
بالمسيح في عرين أسود في قديم الزمن

لم أكن أعرف أن حكماء «نيبيرو» ضعفاء في اللغة العربية لهذا الحد، ولا يحذفون النون في فعل الأمر المقترن بواو الجماعة، وينصبون «مكانًا» لماذا؟ ولماذا لا يضعون نقطة عندما يتم معنى الجملة؟

الرسالة كما قال الفلكي تضمنت «لماذا يخشون سخرية البلداء؟ استهزاء الذين لم يفهموا شيئًا وفضلوا الحفاظ على معتقداتهم البدائية»، ثم يؤكد أن «ما يوجد بالقرآن قاله النبي محمد الذي هو موجود الآن».. أن «من عابهم (يقصد الأنبياء) سيعاد خلقهم ثم يأتون عقابهم» وأن «العقول الإلكترونية التي تراقب الناس الذين لم يطلعوا على الرسالة مرتبطة بأنظمة تأخذ عند موتهم «أوتوماتيكيًّا»، وعن بعد الخلية التي تمكن من إعادة خلقهم إذا هم كانوا يستحقون ذلك»، وأن «هناك عقولًا إلكترونية ضخمة تؤمن مراقبة متواصلة لكل الناس الذين يعيشون على الأرض». هل فهمت أي حرف من هذا الكلام؟ دعك من اللغة العربية الفظيعة فهي أقل ما نشكو منه. أرجو ألا يصلح المصلح لفظة «أوتوماتيكيًّا» فقد نشرها الفلكي كذلك.

من حق الفلكي أن يجن، لكن ليس من حق الجريدة أن تنقل هذا الخبال، وهذا الخليط العجيب من الخيال العلمي والدين والتصوف.

في مصر هناك شيبسي بمذاق الخل، وهناك هلوسة لها مذاق ديني لتثير الرعب في قلوب من يعترض.

ماذا يحدث؟ هناك وباء عام من التخلف العقلي ينتشر.. وفي كل يوم يصيب شخصًا آخر، ويسهل تخيل ما سوف نصير له لو استمر هذا عشرة أعوام أخرى.

تذكرت فيلمًا أمريكيًّا رائعًا اسمه «إيديوكراسي» (Idiocracy) أنتج عام ٢٠٠٦.. وهو من الأفلام الكوميدية الساحرة التي ظلمت ظلمًا شديدًا، لأن الشركة لم تعرض منه نسخًا كافية.. وقد صار له حشد من الأتباع المجنونين به يتزايدون كل يوم.

كتب القصة والسيناريو وأخرج الفيلم «مايك جادج». قام ببطولة الفيلم «لوك ويلسون» و«مايا رودلف». اسم الفيلم لفظة مركبة تعني «حكم طبقة البلهاء».

يلاحظ الفيلم في البداية ملاحظة مهمة، هي أن الأشخاص ذوي معدل الذكاء المرتفع خصوبتهم منخفضة جدًّا، بينما الأغبياء شديدو الخصوبة. يرينا زوجين معدل ذكائهما عالٍ جدًّا، وهما مترددان في الإنجاب لعدة أعوام.. ثم عندما يقرران الإنجاب لا يستطيعان، وبعد فترة يموت الزوج وهو يمارس الحب. هكذا انقرض العبقريان. على الجانب الآخر يرينا أسرة من البلهاء تتكاثر كالأرانب.. متوالية هندسية من متواليات «مالتوس» المخيفة. خصوبة مرعبة وممارسة جنس لا تتوقف حتى في العربة نصف النقل.. في النهاية يتحول العالم إلى جنس من الأغبياء.

نحن في زمننا، وبطل الفيلم «لوك ويلسون» يتطوع لتجربة يقوم بها الجيش الأمريكي، ومعه عاهرة تتطوع لذات التجربة لأنها تريد الفرار من القواد الذي يطاردها. التجربة تقوم على إدخالهما في إحياء

مؤقت لعدة قرون.. ثم يفيقان ليريا مدى التقدم الحضاري والعقلي في ذلك الزمن.. لا بد أنه سيكون شيئًا مبهرًا.

تمر الأعوام على النائمين.. وينسى الجميع التجربة ـ على طريقة «أرض خوف» داود عبد السيد ـ فقط ليعودا للحياة بعد قرون عندما يحدث انهيار في جبل.

يكتشف «لوك» عالمًا مروعًا. جبال قمامة في كل مكان.. الناس تمشي كأنها في غيبوبة ويلبسون ثيابًا مضحكة. يشربون سائلًا أخضر صناعيًّا لأنهم يؤمنون أن الماء مشروب للحيوانات. لا أحد يعرف كنه هذا السائل لكنهم يرددون كالبغاوات عبارة «إنه يحتوي الأملاح المعدنية المهمة».

في المستشفى يذهب للممرضة ليشير إلى مكان الألم، فتدوس على أزرار رسمت عليها أعضاء الجسم. يدخل لطبيب متشرد يدخن سيجارة حشيش.. ونكتشف أن لغة القوم انحدرت جدًّا فصارت عامية من أسفل الأنواع.

الناس جالسة طيلة اليوم تشاهد برامج التلفزيون، وقد تم تصميم مقاعد تسمح بالحصول على الطعام وأنت جالس، كما تسمح بقضاء حاجتك في نفس المقعد. أما برامج التلفزيون فكلها دعابات سخيفة (على طريقة «الكاميرا الخفية» الحالية ودعابات رامز جلال)، حيث تدور الحلقات كلها حول رجل يقع فوق مؤخرته، هكذا ينفجر الجميع ضحكًا. بالطبع تعيش العاهرة أحلى أيام حياتها وسط هؤلاء الأغبياء، وتجمع ثروة. عندما يذهب «لوك» للمحكمة يكتشف أن المحامي يدينه، والقاضي يضحك على الدعابات السخيفة السطحية التي

يطلقها المدعي العام. رئيس الولايات المتحدة بلطجي أسود يلعب المصارعة، ويركب الدراجة البخارية ويعزف الروك، ويطلق البندقية الآلية إذا اعترض أحد على رأيه. الفكرة هي أن الرئيس يريد مقابلته لأنه عبقري، إذ حل لغزًا من ألغاز الذكاء التي يجيدها الأطفال.. معنى هذا أنه مهم لحكومته، ويمكنه حل مشاكلها كلها.

الناس لا تفكر إلا في الجنس وبرامج المسابقات. الزراعة متدهورة تمامًا، والأراضي جدباء لأنهم يسقونها بذلك السائل الأخضر اللعين. يقرر أن يعلمهم استخدام الماء لكنهم يقاومون (لأن السائل يحوي الأملاح المعدنية المهمة!). ويكتشف أن الشركات المنتجة لهذا السائل تكسب الملايين ولا تسمح بأن يروي أحدهم الأرض بالماء. هذا يُعرضه للإعدام بتهمة إفساد نظام البلاد. والإعدام في هذا البلد فقرة ممتعة ينتظرها الناس في شغف. في اللحظة الحاسمة يكتشف أن الصحراء الجرداء بدأت تخضر.. هكذا ينجو بعنقه.

الفيلم شديد الذكاء ومفعم بالسخرية.. أنصحك ألا تفوته خاصة أنه يعرض في الفضائيات كثيرًا. على الأقل لترى صورة مما سنصل إليه بعد بضعة أعوام ما لم تتغير أساليب التعليم.

الاكتشاف العجيب

قبل أي محاولة لإساءة فهم كلامي، فأنا لا أهاجم ولا أشكك فيما فعله هذان الشابان، ولكني أطالب بإعطاء الخبر حجمه الحقيقي.. يعني لو كان صحيحًا فهما عبقريان لا مثيل لهما، ويجب أن يكون خبر هذا الكشف مدويًا وينالا جائزة الدولة التشجيعية، أما لو كان أكذوبة، فعلى الناس أن تعرف هذا.

الفكرة هي أن صديقًا عزيزًا طلب مني رأيي في كليب معين على «يوتيوب»، بعدها وصلني نفس الكليب من أصدقاء عديدين. هنا شابان مصريان في سن المراهقة يتكلمان إنجليزية ممتازة، ويقولان إنهما قاما بدراسة موجات المخ الكهربية واستطاعا تحليلها، وبالتالي عرفا الموجات التي يمكنها تحريك الأشياء عن بعد.. هكذا يمكنهما حل مشاكل المشلولين. يضع أحد الشابين سماعتين على رأسه ويفكر فتتحرك سيارة صغيرة يمينًا ويسارًا حسب موجات أفكاره. يبدو أنهما نالا جائزة عن هذا الكشف في مسابقة للمخترعين الصغار. هذه الفكرة ليست جديدة، وهناك علماء كثيرون في اليابان وأمريكا

وألمانيا يحاولون تنفيذها الآن، وقد رأيت تجربة أولى في التلفزيون. لكن هنا تبرز لنا مشاكل عدة: تمييز موجات الدماغ التي تتعلق بأوامر التحريك وهي مهمة معقدة جدًّا تحتاج لعالِم في وظائف الأعضاء.. تكبيرها.. ثم كيف يقرأ الشاب موجات دماغه بمجرد وضع سماعة (هيدفون) عادية؟ قياس موجات الدماغ يتم عبر عدة أقطاب مثبتة حول الرأس. يتحدث الشابان كذلك عن فتح في «الميتافيزكس» أو ما وراء الطبيعة، وعن «التلكينزس» أو التحريك عن بعد. هنا الكثير من الخلط، فهما لا يعملان في مجال الخوارق بل تفسيرهما فيزيائي، وما نراه ليس تحريكًا عن بعد. كل هذا غمره الشابان في بحر من الإنجليزية الجيدة فلم يعد أحد يراه.

هل هذا ممكن بهذه البساطة؟ وهل نجحا في تحقيق ما تحاول الشركات اليابانية العملاقة تحقيقه بنجاح متعثر؟ من جديد لا أشكك قبل التأكد.. الشك بلا دليل شبيه بالتصديق بلا دليل، ولن أجازف بتحمل مسؤولية هدم عبقريين صغيرين. فقط أطلب من الدولة أن تعنى بهذا الكشف وأن يفحصه أساتذة فيزياء وأساتذة في طب الأعصاب والفيزيولوجيا. لو كان حقيقيًّا فهو كشف القرن، ولسوف يهتز العالم لما نقدر على عمله. لو كان أكذوبة وأحدهم يحرك العربة بالريموت كونترول، فعلينا أن نعلن هذا.

التعليقات على الفيلم كانت إيجابية في معظمها، ومَن تشكك في الفيلم هوجم بقسوة.. لدينا استعداد فطري لتصديق أي شيء. لكني بيني وبينك رأيت الكثير من قبل.. قرأت في موقع إنترنت عن طالبة في الصف السادس الابتدائي تصل لعلاج السرطان. طالب

في ثانوي يصل لعلاج الإيدز. هناك افتراض مصري راسخ وساذج أن المصري عبقري لكن ليست لديه إمكانيات، بينما الألمان واليابانيون أغبياء لكن لديهم الكثير من المال. الحقيقة أن المصري ليس أذكى من الأجناس الأخرى وليس أغبى، لكن نظم التعليم الفاسدة تؤذيه جدًّا. في مقال قديم لي قلت: «العقلية التي تصدق أي اكتشاف، هي عقلية غير قادرة على التوصل لأي اكتشاف!». نُظم التعليم في مصر تنجب أجيالًا ممن يصدقون أي شيء.

هذا يقودنا لفكرة الاكتشافات المصرية عامة.. هذه الكشوف تابو مقدس يحرم الاقتراب منه أو التشكيك فيه. هذا نوع من الشطط بلا شك، وكما قلت: الشك بلا دليل شبيه بالتصديق بلا دليل، لكن الشك أقرب لروح العلم، وقد كان «روبرت كوخ» العظيم ألد أعداء نفسه.. كلما توصل لكشف جديد كان يتصور أنه نصاب وأن شخصًا آخر يجادله ويحاول أن يفضح كذبه.. هكذا كان يوجه لنفسه أسئلة محرجة، ويحاول أن يجيب عنها.. لو لم يُجب بشكل مقنع كان ينبذ الاكتشاف.. والنتيجة: القضاء على الجمرة والدرن والكوليرا و... و....

يقولون إنه لا كرامة لنبي في وطنه.. هذا صحيح.. لكني أضيف تعديلًا بسيطًا هو أن الكرامة والثروة وكل شيء لمدعي النبوة في وطنه. يصل أحدهم لكشف ما، ثم يسرع ليتوارى خلف جدار حصين.. الجدار عبارة عن مقولات نسمعها كل يوم: «لن نتقدم أبدًا لأن النفوس وحشة ونحن نحقد على بعض»، «عندنا العلم كله بس يا خسارة»، «المصري لا يجيد سوى هدم المصري»، «الشركات العملاقة يهمها

ألا تظهر هذه الحلول الرخيصة». وراء هذا الجدار ظهر ألف علاج للسرطان وألف علاج للسكري وألف علاج لالتهاب «سي»، والويل لمن يجرؤ على التشكك أو يدعو للتعقل.. إنه حاقد ومن حزب أعداء النجاح، ولا يجيد سوى الهدم. فقط يتكفل الزمن بأن يكشف الحقيقة بعدما يكون الناس قد أنفقوا الملايين وأحرقوا جبالًا من الأحلام.

لكن عندما يصل البعض لاكتشاف مهم فعلًا، فإن أحدًا لا يبالي به.. يقضون وقتهم بين مشاكل براءة الاختراع ووزارة البحث العلمي، وفي النهاية يقدمون كشفهم لشركة غربية تطير به فرحًا أو يموتون من الحسرة.

أكرر للمرة الألف: أنا لا أهاجم هذين الشابين، فلربما هما أفضل شيء حدث لمصر منذ هزيمة الهكسوس. أنا أطالب بدراسة الأمر بعناية.

عن الـ«MMR» والنصب وأشياء أخرى

لا كرامة لنبي في وطنه.. هي مقولة شائعة وصادقة بالتأكيد.

لا كرامة لنبي في وطنه.. موافق تمامًا. المشكلة الحقيقية هي أن النصابين يعرفون هذه المقولة جيدًا ويلعبون عليها بحكمة لاعتصار عواطف الناس. وهكذا يمكننا ـ دون خطأ كبير ـ أن نقول إن النبي الكذاب ينال أعظم المجد في وطنه، ولا يستطيع أحد مناقشته.

بما أنني أمارس مهنة الطب فقد عرفت عددًا هائلًا من هؤلاء العلماء النصابين، الذين يمارسون كافة طقوس العلم الزائف بنجاح تام. ومن علامات العلم الزائف الشهيرة أن الطبيب النصاب لا يلجأ في عرض نتائجه العلمية إلى زملاء المهنة، بل يلجأ إلى الصحافة، وبما أن الصحافة غير متخصصة فهي تقبل ما يقوله وتنفعل. يمضي الرجل وعلى وجهه علامات المرارة مرددًا في كل مكان: «للأسف لدينا العلم كله لكن لا كرامة لنبي في وطنه.. نحن نقبل ما يقوله الأجنبي بينما نعامل علماء وطننا العباقرة أسوأ معاملة».

هكذا تسيل الدموع وينفعل الجميع.. ويبصقون في وجوهنا ـ نحن

الذين جرؤنا على التدقيق العلمي في اكتشاف هذا العالم ـ باعتبارنا مجموعة من الفاشلين الذين لا يهمهم سوى تدمير الناجحين. قال لنا مدير شركة دواء شهيرة إن شعار المصريين هو «PhD» ومعناها في مصر ليس «الدكتوراه في الفلسفة» بل «ادفعوه لأسفل» (Push him down). ربما كان هذا صحيحًا لكن النتيجة هي أن أي اكتشاف وهمي يمر في مصر ويجد من يدافع عنه في شراسة.

في الثمانينيات كان هناك أستاذ جراحة شهير مولع بالشهرة. قال هذا الأستاذ إنه ذهب للكونغو، وتوصل خلال شهرين إلى علاج الإيدز وأطلق عليه «MM1». سبب هذا الاسم الغريب هو تملق طاغيتين هما مبارك وموبوتو حاكم الكونغو. ما شاء الله! اكتشاف علاج الإيدز في ستين يومًا! من قال إننا لا نملك عباقرة؟ بعدها أعلن أنه اكتشف علاج الروماتويد عن طريق حُقن يعطيها في عيادته. جميل جدًا.. نريد معرفة تركيب هذه الحقن أو علاج الإيدز. لكنه رفض بشدة لأنه يخشى مافيا الدواء، ويخشى سرقة أفكاره. هكذا ثار المجتمع من أجل هذا العالِم الجليل الذي سيرفع اسم مصر في المحافل الدولية، ولما حاولت جامعة القاهرة أن توقفه حفاظًا على مكانتها العلمية، خرجت كتيبة من الصحفيين في كل مكان تلعن أبا الجهل، وتلعن معاملتنا القاسية للعلماء بسبب الحقد، وترددت العبارة الكريهة «حزب أعداء النجاح».. وكان هناك أكثر من كاريكاتور رسمه مصطفى حسين في جريدة «الأخبار» للطبيب، وقد حبسه رئيس الجامعة في غرفة الفئران.

كان هذا الكلام في الثمانينيات.. وعندما عقد الرجل مؤتمرًا

صحفيًا فقد خاطب الصحفيين، ولم يخاطب الأطباء كما هي عادة العلم الزائف. وتجرأ العظيم يوسف إدريس على فضحه في مقال قوي جدًا، لكن الطبيب الشهير فضل الصمت لأنه يعرف أن حيلة «لا كرامة لنبي في وطنه» لا تفشل أبدًا.. فضل الصمت وترك القراء يردون ويتهمون يوسف إدريس بأنه عدو النجاح.

واليوم مر ثلاثون عامًا على هذه القصة.. السؤال هو: أين هذا العلاج العبقري لداء الإيدز؟ العلاج الذي أقنع الناس بوجوده لدرجة أن فتى يعتقد أنه «جيمس بوند» هاجم الفيلا، وقيد الطبيب وزوجته والخادمة وهددهم بالقتل إن لم يسلموه أوراق بحوث الإيدز!

على كل حال وصل الطبيب للعالمية فعلًا، فقد خصصت مجلة فرنسية عددًا خاصًا عن النصابين أدعياء العلم.. فكان هو أول اسم في القائمة! كتب الأستاذ إبراهيم سعدة مقالًا كاملًا عن هذا، وهكذا دخل اسم مصر المحافل الدولية بسهولة!

تاريخ الطب في مصر مزدحم بأمثال هذا الرجل. ونحن نعرف هوجة العلاج بالإنزيمات وهوجة الأعشاب الطبية التي تشفي الالتهاب الكبدي «سي».. وهوجة الحجامة من غير أساس علمي.. وهناك حشد من الأدوية التي لا قيمة لها، لكن مبتكريها يعرفون كيف يفوزون برضا الصحافة.. والصحافة تكتب عن العبقري المظلوم الذي ضاع حقه في بلد الجهل هذا.. فإذا رفضت وزارة الصحة أبحاثه فلأنهم بالتأكيد قد تقاضوا مبالغ طائلة من شركات الأدوية، إلخ.

ننتقل الآن إلى العالم الخارجي لنرى واحدة من أشهر حالات

اضطراب الرؤية في تاريخ الطب.. السبب هو طبيب آخر عرف العالم مؤخرًا أنه نصاب، وهو بريطاني وسيم أنيق يدعى «أندرو وايكفيلد».

أنت تعرف أن الأطفال يأخذون لقاحًا ثلاثيًا مهمًّا للوقاية من التهاب الغدة النكفية ومن الحصبة ومن الحصبة الألمانية.. يطلقون عليه «MMR». في العام ١٩٩٨ ظهرت دراسة في مجلة بريطانية محترمة هي «لانسيت». تزعم هذه الدراسة أن هذا اللقاح يسبب داء التوحد (Autism) الرهيب. زعم «وايكفيلد» أنه لاحظ الأطفال الذين تلقوا لقاح «MMR» وكيف ظهرت عندهم أعراض داء التوحد بعد ١٤ شهرًا، مع مرض غريب، وصفه لأول مرة وأطلق عليه التهاب القولون المتوحد. وقد اقترح أن السبب هو اللقاح الثلاثي ورأى أنه ربما كان من الأنسب أن يتم إعطاء كل لقاح على حدة.

مجلة «لانسيت» مجلة محترمة لها قوانين صارمة للنشر، وأنا شخصيًّا ممن يعتبرون كل حرف ينشر فيها حقيقة لا تقبل الجدل. لاحظ أن هذا الرجل جريء ولا يتصرف كالنصابين.. لم ينشر في جريدة شعبية أولًا، وإنما دخل معقل الأسد: مجلة «لانسيت» شخصيًّا حيث يربض العلماء المستعدون لاتهامه.

من وقت لآخر تثار أسئلة كثيرة حول اللقاحات، خاصة تلك المادة التي تضاف للقاح لزيادة مساحة سطح المادة المُسْتَضدة وفعالية اللقاح. المادة تدعى «adjuvant». مثلًا في فوضى إنفلونزا الخنازير، صار من المعتاد أن تفتح صندوق بريدك لتجد تحذيرًا من وزيرة الصحة الفنلندية ـ وهي ليست وزيرة صحة فنلندية ـ أو من امرأة تدعى سارة ستون.. كان الخوف يتركز على مادة «السكوالين»

التي اتهموها بكل شيء تقريبًا، والأهم أنهم قالوا إن ضررها لن يظهر قبل عشرة أعوام (هكذا تظل قلِقًا للأبد).

عامة هناك دومًا حملة من الرفض المجنون للقاحات الإجبارية عند الأجانب غير الأطباء، باعتبارها تقحم أشياء صناعية على الجهاز المناعي، وتعتدي على حريتك في الاختيار. يقولون إن الأمراض التي يتلقى الطفل اللقاح ضدها صارت نادرة أصلًا، وهو تفكير شديد الغباء.. لقد صارت نادرة بسبب اللقاح طبعًا يا حمقى، ويكفي أن يتوقف الناس عن استعمال لقاح شلل الأطفال لبضعة أعوام ويروا النتيجة!

نعود لبحث الأخ «وايكفيلد». في العام ٢٠٠١ بدأ يزداد حماسًا، فزعم أنه وجد أجزاء من فيروس الحصبة في أنسجة الأطفال المصابين بالتوحد... نشر أوراقًا علمية أخرى واتهم مادة «الثمروزال» الموجودة في اللقاح بأنها المسؤولة. وهكذا بدأت الصحافة تكتب بحماس عن اللقاح، وقلت ثقة المريض الإنجليزي به.

كانت النتيجة هي أن كل أولياء الأمور أصيبوا بالذعر.. أولًا كل الآباء الذين لديهم أطفال مصابون بالتوحد طالبوا بتعويضات من الشركات المنتجة للقاح.. ثانيًا أحجم آباء كثيرون عن إعطاء لقاح لأطفالهم.. والنتيجة هي أنك تترك طفلك بلا حماية أمام ثلاثة أوبئة مرعبة، هي أبو كعب (التهاب الغدة النكفية) والحصبة والحصبة الألمانية. والحقيقة أن معدلات الإصابة بهذه الأوبئة ارتفعت جدًّا في إنجلترا وإيرلندا.

الصحافة ووسائل الإعلام تلعب دورها المشئوم الدائم، وهو أنها أعطت أبحاث «وايكفيلد» أهمية أكثر مما تستحق. هكذا قل عدد من

يعطون اللقاح لأطفالهم. لاحظ الأطباء فيما بعد أن الحصبة زادت لكن التوحد لم يقل بتاتًا.. برغم انخفاض استعمال اللقاح.

هنا نضع خطًّا مهمًّا.. اللقاح قد يسبب التهابًا في المخ.. هذا صحيح.. لكن نسبة الالتهاب واحد في المليون. أما الحصبة فتسبب التهابًا بنسبة واحد في الألف! حِسبة بسيطة جدًّا.

في العام ٢٠٠٦ انخفض استعمال اللقاح في إنجلترا إلى ٦٠٪، وهو رقم مخيف لا يكفي لمنع الأوبئة. تأمل ما يعمله العلم الزائف.. قبل صدور المقال كانت حالات الحصبة في إنجلترا ٥٦ حالة.. بعد المقال صارت حالات الحصبة ٤٥٠ حالة! وللمرة الأولى منذ عام ١٩٩٢ يموت طفل بالحصبة.. أما عن داء أبي كعب فقد اكتشفت بريطانيا أنها تواجه وباء حقيقيًّا منه عام ٢٠٠٥.. وللمرة الأولى كذلك يعلن أن الحصبة صارت مرضًا متوطنًا في بريطانيا بعد عشرة أعوام من عدم إعطاء اللقاح. يخيل لي أنهم لو أعدموا هذا «الوايكفيلد» لكان هذا عادلًا.

لقد أثبتت التحقيقات التي أجراها طبيب اسمه «برايان دير»، موَّلته جريدة «صنداي تايمز»، أن البحث ملفق وأن الرجل نصاب.. تلاعب بالأرقام والتواريخ وكلام الآباء ليناسب غرضه. ثم تبين أنه عرَّض أطفالًا يعانون تخلفًا عقليًّا إلى إجراءات بحثية عنيفة لم يوافقوا عليها، مثل منظار القولون وعينات النخاع. هذا ما اكتشفه المجلس الطبي البريطاني. تم شطب «وايكفيلد» من سجل الممارسة الطبية عام ٢٠١٠. تمت إعادة اختبار اللقاح في عدة مراكز، وكانت النتيجة واضحة هي أنه لا توجد علاقة بينه وبين داء التوحد. هكذا وصفت

الجريدة البريطانية الطبية الأمر بأنه «أسوأ خدعة طبية في تاريخ العلم». أما مجلة «لانسيت» فقد سحبت المقال من سجلاتها. برغم هذا كله ما زالت الصحف وبرامج التلفزيون والإنترنت مستمرة في تأكيد تخاريف «وايكفيلد». إنها مجال خصب ممتاز لهواة نظرية المؤامرة الذين يفضلون التعامل مع العواطف بدلًا من الحقائق.

لاحظ أن لقاح «MMR» ليس إجباريًّا في مصر ولا إنجلترا.. أي أن إعطاءه قرار خاص بالأبوين، وتحاول إنجلترا حفز الآباء على إعادة استعماله حاليًّا عن طريق زيادة تكاليف التأمين الصحي على الأبوين اللذين يرفضان تطعيم ابنهما.. بمعنى «أنتما تعرضانه للخطر.. لكن.. ادفعا إذن وأنتما تبتسمان».

يقيم «وايكفيلد» حاليًّا في الولايات المتحدة وهو ممنوع من ممارسة الطب في إنجلترا وفي الولايات. انتخبوه كأسوأ طبيب في العالم لعام ٢٠١١.. كما اختاروه ليرأس قائمة الأطباء النصابين.

لكن أمثال «وايكفيلد» لا يقنطون أبدًا.. لديه حيلة «لا كرامة لنبي في وطنه» الشهيرة.. ولديه حب الناس للشك والمؤامرات.. ولديه صيغة «لقد عم الجهلاء.. فليسكت الحكماء». لهذا يحظى بشعبية لا بأس بها ويعتبره الكثيرون بطلًا، وهو يعلن دومًا أن هناك مؤامرة ضده من السلطات الصحية وشركات الأدوية.. ويؤكد أن كل التقارير عن انتشار داء الحصبة ملفقة للنيل من سمعته العلمية.

أرجو أن تتذكر هذا المقال عندما تقابل النصاب التالي!

تعالوا ننخدع من جديد

ننتقل الآن إلى موضوع طبي آخر، هو أن وزارة الصحة أغلقت مركزًا شهيرًا لعلاج الأعشاب وأحالت مالكه ـ وهو نجم فضائي ساطع ـ إلى النيابة العامة. هذه خطوة تأخرت كثيرًا جدًّا لكنها تمت على الأقل. لن أذكر اسم المعالج فليس غرضي أن أشهر به، ولكن أشهر بنمط سلوكي عام، وأعرف أن النصاب التالي يستعد ليظهر لنا خلال عام فلن تُحدث الأسماء فارقًا.

الحقيقة أن هؤلاء المعالجين على غير أساس علمي يتكاثرون كالبراغيث.. تخلص من واحد فيظهر واحد آخر، وفي كل مرة يلدغ الناس من ذات الجحر ألف مرة. شعار «رزق الهبل على المجانين» قد استوعبه هؤلاء القوم حتى النخاع، وهو مصدر رزقهم وحياتهم وكل مليم في جيوبهم. تذكرون بالطبع ذلك المدلك الذي زعم منذ أعوام أنه خبير في الطب البديل، وفضحه الدكتور خالد منتصر على الفضائيات.. انتهت هذه الهوجة بعدما جمع الرجل عدة ملايين طبعًا. ثم من جديد يظهر معالج آخر ويجمع ملايين أخرى ويصير

نجم الفضائيات الجديد، وله مراكز في كل الجمهورية. ليس العيب فيهم.. بل فينا.. فنحن لا نملك أي نوع من الذاكرة. المعالج الأخير بائع الوهم هو صيدلي يقوم بالكشف على المرضى والعلاج بالحجامة والأعشاب. تقول الوزارة:

بتفتيش مقر الشركة تبين وجود تدريب لبعض العاملين بالشركة على الحجامة مقابل راتب قدره ٨٥٠ جنيهًا، وهو ما يخالف القانون رقم ٤١٥ لسنة ١٩٥٤ الخاص بتنظيم مزاولة مهنة الطب البشري، كما عثر على «كول سنتر» به حوالي ٥٠ فتاة تقوم بالرد على المتصلين وتحديد المندوب الذي يقوم بتوصيل الأعشاب والرد على الاستفسارات الطبية. كما رصدت الإدارة المركزية للمؤسسات العلاجية غير الحكومية والترخيص عددًا من المخالفات لـ«...»، مثل ظهوره بالإعلام دون الحصول على موافقة وزارة الصحة طبقًا للقانون رقم ١٥٣ لسنة ٢٠٠٤، إضافة إلى وجود العديد من المواطنين داخل مركزه للعلاج بالحجامة والأعشاب، ووصفه وبيعه مستحضرات طبية مخالفًا بذلك القانون رقم ٤١٥ لسنة ١٩٥٤ الخاص بمزاولة مهنة الطب البشري وقانون الصيدلة رقم ١٢٧ لسنة ١٩٥٥.

على كل حال هناك تاريخ طويل من ملاحقات وزارة الصحة لهذا الطبيب، وفي كل مرة يعود لممارسة المهنة، ويقال إنه «مسنود» مثل توفيق عكاشة بالضبط.

التحق الرجل بإحدى كليات الصيدلة الخاصة أولًا بمصاريف

٣٥ ألفًا في السنة، وفيما بعد زعم أنه متخصص في الصيدلة الإكلينيكية، وأنه حصل على علامة «الأيزو». هل هناك علامة «أيزو» للعلاج بالأعشاب؟!

الرجل له شركة أدوية كبرى في ٦ أكتوبر، كأنها شركة «فايزر» أو «روش» أو «ميرك» مثلًا.. لاحظ أحد الصيادلة الذين عملوا معه واستقالوا أن كل العاملين في مركز الاتصالات كانوا يردون على الهاتف على أنهم الطبيب نفسه. معظم العاملين في الشركة هم من أقارب الطبيب وبلدياته ليضمن ولاءهم. ليس هذا فحسب، فالصيدلي المذكور يطلب من المريض أن يحضر الأبحاث والأشعات.. هذا ليس من حقه قانونًا، ويحصل على مبلغ مالي ٢٠٠ جنيه مقابل الفحص. قال هذا الشاهد إن الرجل كان يضع أي أعشاب في كيس ويبيعها بـ١٥٠ إلى ٣٥٠ جنيهًا.. ثم تأتي عملية نصب أخرى ممن يتلقى الطلبية، فهو يبتاع أي أعشاب من العطار ثم يبيعها للزبون على أنها الطلب الذي اتصل من أجله.. أي بـ٣٥٠ جنيهًا. أي أن هناك من نصب على النصاب. كل الخلطات السرية تتم تحت السلم. على كل حال يمكننا تخمين نوعية هذه الخلطات. دائمًا هي تحوي كمية هائلة من أقراص الكورتيزون المسحوقة.. أقوى مسكن للالتهابات وأخطر سم عرفه علم الدواء. الكورتيزون قادر على عمل المعجزات، ولكن ما هي التكلفة في غياب طبيب يعرف ما يفعله؟ لا بد أن تحوي الخلطة الكثير من العناصر المهيجة موضعيًا (counterirritant).. أي أنها تُحدث تهيجًا فيقل الألم، وهي حيلة قديمة كان جدك يمارسها عندما يستخدم كؤوس الهواء

الساخن، وكان أبوك يستخدمها عندما يدهن «الفيكس». الخلاصة: هناك راحة لكن لا شفاء.

قريبي جرب التعامل مع هذا الطبيب، فعرف أن الكشف ثمنه ٢٠٠ جنيه، أما ثمن المرهم الذي سيدهن به ركبته ٥٠٠ جنيه. برغم هذا اشترى المرهم فعلًا، وأعلن في فخر أن الشفاء تم والحمد لله، وأنه يشعر براحة لا شك فيها.. بعد أسبوع سألني عن طبيب جيد يحسن شفاء خشونة الركبتين! قلت له في غيظ:

ـ ألم تشفَ بعد بالأعشاب والحمد لله؟

لم يتكلم.. لا أحد يعترف بأنه نُصب عليه أبدًا. هذه قاعدة مهمة. كلما تم القبض على واحد من هؤلاء تطوع عدد من القراء بقول إنهم ذهبوا لهم وظفروا بالشفاء. «لماذا تحاربون النجاح أيها الحاقدون؟». هناك نمط آخر يردد: «لو كان المرضى قد ظفروا بالشفاء مع الطب لما ذهبوا له». وهذا منطق غريب.. كأنه لا بد من إنفاق كم معين من المال.. إن لم تنفقه على الطب الفاشل فلتذهب لتنفقه لدى النصابين. إذن لماذا لا تُبقي مالك معك؟

للحديث بقية طبعًا، لأنني عندما أبدأ الكلام عن الطب المزيف أجد صعوبة في التوقف.

شَرْبَة الحاج داود

(١)

أعتقد أنني آخر شخص في مصر يكتب عن هذا الكشف العجيب الذي قضى على التهاب الكبد «سي» والإيدز وإنفلونزا الخنازير والسرطان والسكري وضيق الشرايين التاجية بضربة لازب. فهو باختصار: «شَرْبَة الحاج داود... اللي بتنزل الدود»، التي كانت تباع في الريف قديمًا.

لقد قيل كل شيء عن الموضوع تقريبًا، وانهالت عليه السخرية في «فيس بوك». لم أرَ برنامج باسم يوسف بعد لكني أتخيل الحفل الذي سيقيمه على هذا الخبر. أتكلم هذه الأيام بالذات ـ يا محاسن الصدف ـ عن الطب الوهمي والعلم الزائف. إذن هذه ذبابة سمينة وجدت نفسها في شباكي ويصعب أن أتخلى عنها.

أولًا يوجد خلط عجيب بين لفظتَي «تشخيص» و«علاج»... الكل يصر على هذا ربما عمدًا، كأنهم يغلفون الهراء بطبقة رقيقة من الصدق

١١٧

العلمي لنبلع الاثنين معًا. الخبر يبدأ بنجاح جهاز التشخيص وحماس العالم له ثم ينتهي فجأة بالكلام عن جهاز العلاج.

من ناحية التشخيص، فالخبر صحيح وعلمي تمامًا، وهو نتيجة بحث مرهق مصمم بعناية ودقة قام به فريق من العلماء المحترمين، ونشر في الدوريات العالمية ونوقش في عدة مؤتمرات. ترأس الفريق الأستاذ الدكتور جمال شيحة، وهو رجل ذو فكر علمي منظم. طبعًا تم تجاهل الدكتور شيحة بالكامل عند ذكر الخبر مؤخرًا، فلم تذكره إلا جريدة واحدة. اختبار «سي فاست» معروف لأطباء الكبد حاليًا، وهو قائم على فحص البصمة الوراثية لتتابع القواعد في جزيء «RNA» للفيروس واكتشافه عن بعد دون أخذ عينة دم من المريض، والمبدأ قابل للتطبيق مع فيروسات أخرى، في البشر والحيوانات والنباتات.

لكن الخبر كما قلنا يتحدث عن العلاج كذلك.. هذا هو الجزء الذي يقف في حلقي ولا أبتلعه بتاتًا.

في الحقيقة لم يتم تسجيل أي اختراع كهذا لعلاج المرض، ولا وجود لهذا الكشف في الدوريات العلمية على الإطلاق.

قال الدكتور جمال شيحة نفسه في ندوة بالدقهلية لجمعية مرض الكبد منذ عامين:

إن أي مصري يتكلم أنه اخترع دواء لالتهاب الكبد «سي» فهو نصاب. ولست مؤهلًا لعمل دواء.. والمؤهل لذلك هي الدول المتقدمة مثل أمريكا واليابان لأنه يتم الصرف على الدواء الواحد ١٢ مليار دولار، وعندما

تصنع مصر سفينة فضاء يمكن أن نصنع دواء. حتى الصين لا يمكن لها أن تصنع دواء.

«اليوم السابع» ـ ١٦ مارس ٢٠١٢

يزاد الطين بلة عندما رأينا الدكتور إبراهيم عبد العاطي يتحدث عن اختراعه الغامض هذا.. أدرك رجل الشارع غير المتخصص نفسه أن الرجل يستخدم مصطلحات لا علاقة لها بالطب بتاتًا، ثم أخذته جلالة التظرف فقال إننا نضع الإيدز في صباع كفتة وهذه قمة الإعجاز، وهذا التعبير فجر ثورة من السخرية لدى المجتمع المصري كله!

لقد دخلنا عصر الكباب والكفتة في الطب إذن. عندما رأيت الرجل خطر لي أنه من مريدي العلاج بالأعشاب والطب البديل إياهم، وفعلًا كشفت إحدى الفضائيات أنه كان يقدم برنامجًا عن الأعشاب في إحدى الفضائيات الدينية.

حسب ما قاله الرجل، فالدم يخرج من جسد المريض ليتم تطهيره ثم يُعاد للجسد.. يا سلام! هل فيروس «سي» موجود في الدم فقط؟ هذا الرجل يخرق قواعد الطب التي يعرفها أي طالب. كلام مليء بالأخطاء والعك.. والأدهى أن الجهاز ـ حسب كلامه ـ يستفيد من البروتين في الفيروس ليغذي به المريض!

يقول الرجل إنه تلقى عرضًا بملياري دولار ليبيع اكتشافه أو يتنازل عنه لكنه رفض، ثم خطفته المخابرات المصرية وأنقذته.. هل هو يعي فعلًا معنى ملياري دولار؟ يتكلم عن ١٤ مليار جنيه مصري.. وتشعر أنه يتكلم بحماس الأطفال (حادفعلك دشليوميت عشرميت

جنيه لو لعبت معايا).. ثم هذا الكلام عن المخابرات الذي يُذكرك بألف فيلم جاسوسية.

ثم تجد أن هذا الهراء يوافق عليه أطباء كثيرون.. وتجد من يقول إن الاختراع العجيب عالج السرطان والصدفية والسكري.. وهناك من قال إنه وسع الشرايين التاجية. نسوا أن يقولوا إنه يجلب الرضا والسعادة ويُدخل الجنة.

ثم يزداد شكك عندما تعرف أن الاختراع العجيب اسمه «كومبليت سي كيور» (Complete C Cure)، وهو لعب واضح على اسم السيسي.. تذكرت على الفور الأستاذ المصري هاوي الشهرة الذي ذهب للكونغو شهرًا في الثمانينيات ثم عاد ليعلن أنه خلاص وجد علاج الإيدز، وأطلق عليه «MM1»، وقد تبين أن هذا معناه «مبارك – موبوتو».. أي أن العلم يستخدم للنفاق في مصر دائمًا.. وفي ذلك الوقت تحمست الصحافة والإعلام من أجل العالِم المصري العبقري، بينما لعب الراحل العظيم يوسف إدريس دور غراب البين المتشكك.. دارت الأيام ونحن نعرف اليوم من كان النصاب ومن كان ضمير العقل وقاضيه.. لكننا لا نتذكر.. لا نتذكر شيئًا على الإطلاق.

من جديد دعني أذكرك بكلمتي القديمة التي ما زلت أجدها جيدة: «العقلية التي تصدق أي اكتشاف، هي عقلية غير قادرة على التوصل لأي اكتشاف!». والفقرة التالية:

يعلن أحدهم عن كشف غامض، ثم يسرع ليتوارى خلف جدار حصين.. الجدار عبارة عن مقولات نسمعها

كل يوم: «لن نتقدم أبدًا لأن النفوس وحشة ونحن نحقد على بعض»، «عندنا العلم كله بس يا خسارة!»، «المصري لا يجيد سوى هدم المصري»، «الشركات العملاقة يهمها ألا تظهر هذه الحلول الرخيصة». وراء هذا الجدار ظهر ألف علاج للسرطان وألف علاج للسكري وألف علاج لالتهاب «سي»، والويل لمن يجرؤ على التشكك أو يدعو للتعقل.. إنه حاقد ومن حزب أعداء النجاح، ولا يجيد سوى الهدم. فقط يتكفل الزمن بأن يكشف الحقيقة بعدما يكون الناس قد أنفقوا الملايين وأحرقوا جبالًا من الأحلام.

وأذكرك كذلك بعلامات العلم المزيف السبع التي وضعها العالم الأمريكي «روبرت بارك» في كتابه المهم «الفودوو العلمي». العلامة رقم واحد هي أن الباحث يقدم أبحاثه للصحافة ووسائل الإعلام مباشرة، ولا يقدمها للمحافل العلمية. طبعًا هذا ما حدث هنا حرفيًّا: تقدم كشفك في مؤتمر صحفي، وأنت تحمل كل هيبة واحترام القوات المسلحة فلا يجرؤ أحد على الاعتراض. لماذا لا تقدم كشفك في مؤتمر طبي لأمراض الكبد ليسلخك العلماء بأسئلتهم؟

العلامة رقم ٢ هي أن الباحث يزعم أن المؤسسات الكبرى تحاول سرقة عمله.. وتبدأ نظريات المؤامرة.. هنا وصلنا إلى محاولة رشوته بملياري دولار واختطافه مما جعل المخابرات الحربية تخطفه قبل أن يخطفه آخرون. اللواء الباحث يرفض بتاتًا ذكر أي تفاصيل عن عمله حتى لا تتم سرقته من شركات أدوية.. يا سلام! ومتى يتم نشره إذن؟ ومتى يتم تمحيصه؟

العلامة الثالثة هي أن الباحث أجرى أبحاثه منفردًا.. المقصود هنا أنه يعمل دون تواصل مع مؤسسات بحثية كبرى. عندما كنا نتكلم عن التشخيص يمكنك أن تعرف كل تفاصيل البحث والعاملين فيه والتعاون مع أطباء باكستانيين، إلخ. لماذا؟ لأن «السي فاست» كشف علمي مهم فعلًا، أما هذا فهراء.

العلامة الرابعة هي أن الباحث يعتمد على أدلة شفهية (anecdotal evidence) لتدعيم كلامه. هل من دليل عن شفاء مَن تم شفاؤهم سوى كلام اللواء، وسوى كلمة «أنت كان عندك إيدز وراح»؟ حتى تذكرت المعالجين الروحانيين «أنت كان عليك عفريت ومشي يا بني».

العلامة التالية هي أن الكشف يحتاج إلى تغيير مفاهيمنا لقوانين الطبيعة. حسب كلامه، فالفيروس «سي» يحوي «DNA» وليس «RNA».. والبروتين يمكن تحويله لكفتة.. والسرطان والسكري نتيجة فيروسات.

إذن نحن نملك خمس علامات من سبع على أن هذا الكلام فارغ... هل هذا كافٍ؟

إقحام الجيش في هذا الكلام الفارغ خطر جدًّا ويهينه بشدة. كنا نعترض على إقحام الجيش في السياسة، واليوم نتكلم عن إقحامه في الطب! هذا يؤذي الاثنين معًا: الجيش والطب.

انبرى الدكتور عصام حجي، المستشار العلمي لرئيس الجمهورية، ينتصر للعلم ويصف الابتكار بأنه فضيحة علمية لمصر ـ وهي كذلك فعلًا ـ وكانت النتيجة أن الهجوم انهال عليه من المتحمسين دائمًا، الجاهزين لتصديق أي شيء.

يمكنك طبعًا أن تقرأ ردود الفعل العالمية الساخرة على هذا المؤتمر، وأن ترى الحفل الذي أقامته قناة الجزيرة على شرف الطب المصري عدة أيام.

حرام عليكم.. مصر لا تستحق كل هذه البهدلة.. ماذا فعلتْ لكم لتكرهوها بهذا القدر، وتهينوها بهذا الشكل؟

(٢)

صار الكلام عن علاج «السي ـ الإيدز ـ الصدفية ـ السكري ـ السرطان ـ إنفلونزا الخنازير» المصري الجديد مملًا من كثرة ما كُتب عن الموضوع؛ لذا سأكتفي ببعض الملاحظات المتفرقة ثم أغلق الموضوع لننتقل إلى ضرب آخر من العلم الزائف.

١ ـ معظم الناس أدركوا أن موضوع العلاج هذا يشوبه الكثير من الشك، لكن هناك من أصروا بعناد على أنه شيء رائع، حتى بعدما قدم الكثيرون أدلتهم العلمية. هناك باحث فيروسات مصري في معهد «MIT» الأمريكي يشرح على «يوتيوب» سبب الشكوك التي تنتابه. إنه ينكر حتى وجود جهاز للتشخيص برغم أنني أعارضه في هذا الرأي. فوجئت بالشتائم تنهال عليه ويتهمونه بأنه عميل للأمريكان والإمبريالية العالمية. مستحيل كل هذا العناد الذي يورث الكفر. البعض لا يريد أبدًا الخروج من دائرة الأهلي والزمالك والتعصب الأعمى حتى لو كان الحق كالشمس.. كل شيء عندنا يتحول إلى مباراة كرة قدم

١٢٣

و«حرقنا دمهم» و«الرَّف موالس معاهم» و... ثم تكسير مقاعد وقذف شماريخ ومطاوي قرن غزال. فإذا جاء ٣٠ يونيو دون أن يحدث شيء أو يشفى الجميع، فلن يشعروا بلحظة خجل.. سيقولون إن العالم كله والطوابير الخامسة حاربوا الاختراع المذهل من أجل شركات الأدوية، وسيزداد شعورهم بـ«البارانويا» وأن العالم كله ضدنا. كلما فشلت تجربة لأنها فاشلة قالوا إن السبب أن هناك مَن أفشلها.. هل تذكر شركات توظيف الأموال التي ظل الناس يرْثونها ويشتمون الحكومة، حتى بعدما هرب بعض أصحاب الشركات بمال المودعين، وسُجن بعضهم، وتبين أنه لا يوجد مشروع واحد من تلك المشاريع التي يعلنون عنها؟ كانت الحكومة على حق تمامًا في قرارها وقتها، لكن الناس قالت: «أصل الحكومة يا سيدي مش عاوزة اقتصاد إسلامي ولا دولة إسلامية!».. اليوم تغيرت الجبهات لكن المبدأ واحد.

٢ ـ تكلم الدكتور عصام حجي، المستشار العلمي للرئيس، فقال لجريدة الوطن: «إن الاختراع غير مقنع وليس له أي أساس علمي واضح من واقع العرض التوضيحي للجهاز، الذي أذيع في القنوات التلفزيونية، إضافة إلى أن البحث الخاص بالابتكار لم ينشر في أي دوريات علمية مرموقة». رجل محترم يحب مصر ويحترم جيشها فعلًا، انبرى النائب السابق محمد أبو حامد قائلًا في حماس على تويتر: «أتعجب من التصريحات العدائية لعصام حجي المستشار العلمي

المؤقت للرئيس المؤقت المقيم بأمريكا، والتي انتقد فيها العرض التوضيحي لاختراع الجيش.. يجب على الرئيس عدلي منصور أن يراجع مواقف مستشاريه بعد أن أصبحت تصريحاتهم ومواقفهم تثير اشمئزاز الشعب وتعبر عن سوء نية متعمدة». هذا هو ما أتكلم عنه. كل من يجرؤ على الكلام بشكل علمي وسط هذا السيرك يُحرق ويمزق، لكن على فكرة الشعب لم يشمئز هذه المرة.. اللقمة أكبر من أن يتم ابتلاعها بسهولة. ولسوف يدفع باحثونا ثمن هذه الفضيحة غاليًا عندما يحاولون نشر أبحاثهم في دوريات عالمية، أو حضور المؤتمرات المرموقة في الخارج.

٣ ـ يحكي هيكل عن زيارة الزعيم عبد الناصر للاتحاد السوفيتي أيام مفاوضات حائط الصواريخ. يقول إن الحكومة السوفيتية رتبت لناصر مع وزير الخارجية رحلة صيد في بِركة مغلقة. فوجئ ناصر أنه كلما ألقى بالصنارة خرجت بسمكة.. فأدرك أن هذه بِركة معدة بعناية لتكون كثيفة الأسماك إكرامًا للرؤساء الضيوف، فقال لوزير الخارجية في ملل: «هيا بنا نرجع.. هذه بِركة سياسية!». نفس الشيء ينطبق على موضوع علاج الفيروس «سي».. لقد جعلوها قضية سياسية وليست علمية، ولهذا صار كل من يعترض أو يبدي الشك عدوًّا للجيش وطابورًا خامسًا كالعادة.

٤ ـ كَتب كثيرون عن الاكتشاف، وكما قلت هم يخلطون بين التشخيص والعلاج بشكل عجيب. بعضهم يملك خلفية طبية ولن يرتكب هذا الخطأ إلا عمدًا. هناك طريقة يعرفها

الباحثون في دس الصواب مع الخطأ.. مثلًا تقول في نفس الجملة: «من المعروف أن التهاب الكبد «سي» مرض خطير جدًّا (وتذكر عشرات المراجع العالمية الرصينة)، والجرجير يشفي هذا المرض تمامًا (وهنا لا تذكر مراجع، أو تذكر مرجعًا باهتًا نشر في مجلة صربية لا يعرفها أحد)». النتيجة هي أن من يقرأ يستنتج أن الجرجير يشفي التهاب الكبد «سي» بشهادة مراجع علمية محترمة جدًّا!

٥ ـ الجزء الخاص بالتشخيص صحيح، لكن الدعاية الصاخبة حولته إلى نوع من ألعاب الحواة.. هل ينتقل فيروس «سي» بمصافحة المريض أو لمس ثيابه؟ هذه حقيقة علمية جديدة! وهل الجهاز حساس لهذا الحد المرعب؟ لو كان الأمر كذلك فهذا يجعله بلا قيمة، لأن زيادة الحساسية (sensitivity) تأتي على حساب الخصوصية (specificity)، وكل باحث يعرف أن هذا معناه أن الاختبار لا قيمة له. لو مر الجهاز جوار زجاجة زيت تموين لقال إنها مصابة بالفيروس. دعك من أن موضوع الإيريال يذكرك بسحر الماء (dowsing)، وهي تلك العصا التي يحملها السحرة ويمشون بها وينتظرون أن يهتز طرفها ليشير لمكان الماء تحت الأرض.

٦ ـ كما قلت فإن وضع الجيش في قضية علمية تحتمل الخطأ والصواب خطر فعلًا. هنا الأمر علمي يحتمل المناقشة والصواب والخطأ.. الفيروس لن يتصرف بالأمر وإلا صار عميلًا لأمريكا وقطر.. ومَن يعجز الجهاز عن شفائه ليس من

الإخوان. ما لا يستطيع هؤلاء فهمه أن الغيرة على الجيش والحرص على صورته أمام مواطنيه والعالم هما سبب هذه الشكوك؛ لكن ضيق الأفق يمنع المرء من رؤية الشمس. منذ عامين ـ أيام المجلس العسكري ـ ظهر رجلان يزعمان أنهما كانا سمسارَين أوفدهما مبارك لشراء ماس من جنوب أفريقيا، وقد جلبا معهما ماسة من الذي اشترياه من هناك. ظهر الرجلان على قناة «المحور» مع اهتمام «إعلامي» من إياه. أولًا منظر الرجلين لا يوحي البتة بأنهما رجلا أعمال يستخدمهما رئيس جمهورية لشراء الماس له، ثانيًا بمجرد أن ترى الماسة تدرك أنها قطعة كريستال سرقها أحدهما من نجفة صالون أمه. كبيرة جدًّا بحجم قبضتك ومصقولة.. على ما أعتقد أن «الكوهينور» هي أكبر ماسة معروفة، وهي بحجم البيضة. كان سؤال واحد لأي جواهرجي قبل التصوير كافيًا كي يخبرهم أن الرجلين نصابان، لكن البرنامج يريد أمسية مثيرة بأي ثمن. كل هذا مفهوم، هنا تنتقل الكاميرات لباب الاستوديو لترينا على الهواء مدرعات الشرطة العسكرية تنتقل لتؤمن المكان ضد سرقة «الألماظة»، واللواء حمدي بدين شخصيًا جاء يشرف على العملية. هذا المشهد آذاني جدًّا.. إقحام الجيش المصري في هذا السيرك لم يكن له داع أبدًا، وكما قلت كان رأي جواهرجي واحد كافيًا لإنهاء القصة كلها. وطبعًا أعلن البرنامج في اليوم الثاني أن الماسة ليست ماسة، بل قطعة كريستال من نجفة صالون. اليوم هناك ماسة من نوع آخر.. وبرضه يتم إقحام الجيش فيها.

٧ ــ هكذا يمكنك أن ترى أن هذه حالة استقطاب أخرى تضاف لما نعانيه. الوضع سيئ لدرجة الكوابيس، لكننا نعود في كل مرة لنؤكد أن مشكلة مصر الأولى هي التعليم. الناس لا تفهم روح العلم جيدًا. يجب أن يكون هناك منهج واضح لطرق البحث العلمي وتصميم الدراسات يضاف لمناهج المدارس. وليكوننَّ هذا المنهج أهم بكثير من الفلسفة والتربية القومية، وكل الكلام الفارغ الذي يحشون به عقول التلاميذ ليسكبوه على الورق وينسوه بعد ربع ساعة من مغادرة اللجنة.

عودة لعبقرية النصب

رتب زميل عزيز أن تتم التجربة أمامنا في القسم الذي نعمل فيه. جاء شاب ريفي محترم على قدر من الثقافة، وقال لنا إنه لم يصدق الأمر حتى جربه بنفسه، وهو لا يريد أجرًا بل يفعل هذا طلبًا للثواب.. الحمَّام حسب كلامه يشفي التهاب الكبد «سي» بمجرد وضعه لفترة على بطن المريض، وقال إن الأمر يحتاج إلى بضع جلسات.. في البداية تموت خمس حمامات. ثم يقل العدد مع الوقت لأن الحمام يمتص السم كله.. تشق بطن الحمامة فتجد أن كبدها قد تليف من فرط ما امتصه من فيروسات. حتى يأتي اليوم السعيد الذي لا تموت فيه الحمامة.. هذا يوم انتصار العلاج الشعبي على الطب. قال إنه أجرى التجربة غير مصدق، ثم أجرى اختبار «PCR» الذي يشخص التهاب الكبد «سي» فوجده قد صار سلبيًّا. طبعًا لم نصدق حرفًا، لكن الفضول كان شديدًا وأردنا فعلًا أن نفهم ما يفعله، من منطق «آدي الجَمل وآدي النخلة». حلق بالموسَى الريش عن بطن الحمامة وحلق الشعر عن بطن مريض جاء معه، ثم وضع الحمامة على بطن

المريض ملاصقة له، وراح يضغط ويضغط والكائن الصغير البائس يجاهد كي يتنفس.. في النهاية لم تتحمل وماتت خنقًا.. قال لنا في ثقة إن سبب موتها هو امتصاصها للفيروس. ثم ذهب بالجثة إلى الحمَّام وشق بطنها ليرينا الكبد.. لم يكن متليفًا طبعًا ولا يمكن أن يتليف بهذه السرعة، لكن كل شيء كان مهشمًا كأن قطارًا دهم الحمامة.. كل شيء محتقن دامٍ.

بدا لبعضنا أن هذه ألعاب حوَاة لا تليق بمكان للعلم، أما أنا فرأيت هذه تجربة مهمة لأنها ترينا رأي العين ما يحدث فعلًا في الريف. بعد أسبوع جاء هذا الشاب، وقال لنا باقتناع حقيقي إنه اكتشف أن هذا كله هراء ولا يشفي أحدًا، والأهم أنه اكتشف أن اختبار «PCR» الخاص به ما زال موجبًا.. كان منذ أسبوع واحد شديد الاقتناع. لكن يجب أن نعترف أنه تصرف بحسن نية ولم يطلب الكسب، بينما كان الريف يعج وقتها بمن يبيعون ألعاب الحواة هذه. قالت لي طبيبة مهمة في الطب الوقائي بوزارة الصحة إن هؤلاء النصابين أدوا لندرة الحمَام وارتفاع سعره في كل قرى الغربية.

تذكرت على الفور ساحرًا أفريقيًا كنت أراه في برنامج الدكتور مصطفى محمود الجميل «العلم والإيمان». كان يسقي الكتكوت من قنينة سم.. بانتظار أن يموت.. لو عاش لعاش المريض ولو مات فالمريض حالة ميؤوس منها. وبلغة الدكتور مصطفى الساخرة: «يا كتكوت يا كتكوت.. حتعيش ولَّا حتموت؟». عندما ترى هذا في المناطق المتخلفة من أفريقيا فقد تقبله، لكن أن ترى الشيء نفسه في مصر في القرن الواحد والعشرين فالأمر يحطم الأعصاب فعلًا.

بعد هذا كان علينا أن نتحمل عيادات العلاج بالأوزون والأشعة فوق الحمراء وتحت البنفسجية والعلاج بوضع المرضى تحت هرم.. وفي كل مرة يؤكد لك مريض متحمس أن هذه الطريقة ناجعة. ثم يكتشف المرضى أن هذا هراء وينسَوْن الأمر.

بعد هذا جاء العلاج بالأعشاب.. كل طبيب كان لديه كيس غامض مليء بأعشاب حضَّرها بنفسه ولا يعرف أحد تركيبها، يبيعه بمائتَيْ جنيه للطوابير التي تتردد على عيادته. لقد أدى التهاب الكبد «سي» إلى انتعاش تجارة الأراضي والعقارات في مصر، وأدى لإثراء جيل كامل من الأطباء والنصابين. كان هناك نوع من الأعشاب، «خيار الثعبان»، أعلن مركز البحوث أن نتائجه مذهلة، وسوف يعلنها في ـ وهي مصادفة عجيبة ـ ٣٠ يونيو. والتزم الصمت تمامًا حول أي تفاصيل عن الأمر. كان هذا في أواخر التسعينيات. يومها قال أحد أساتذة الكبد العظام لنا:

ـ أراهنكم أن ٣٠ يونيو بتاعهم ده مش جاي أبدًا!

بالفعل.. لم يعلنوا أي شيء حتى هذه اللحظة. ثم ظهرت موضة العلاج بالإنزيمات.. ثم ظهرت الحبة الصفراء «DDB» التي تكلمت عن روعتها الركبان، وكان الطيارون يجلبونها معهم من الصين ليبيعوها بسعر الذهب في مصر، وقالت وزارة الصحة إنها رائعة. استغرق الأمر وقتًا طويلًا حتى يتضح أنه عقار بلا جدوى، واكتشف العلماء الحقيقيون أن العقار يضلل نتائج المختبر. أي أنه يعطي نتائج خاطئة توحي بالتحسن. ثم جاء العلاج بالكفتة، وهو موضوع عرفه الجميع!

كتب أحد المعلقين على الإنترنت (بالحرف الواحد وبلا علامات ترقيم) مبديًا انبهاره بجهاز علاج الإيدز والالتهاب الكبدي «سي»: «انا مصري وافتخر شيء مزهل عندم يخترعو المصرين هذا الجهاز انا في قمه فخري ببلدي مصر تعيشي يا بلدي وتزهلي العالم (دئما نصنع التاريخ)».

الحماس الوطني شيء جميل بشرط ألا يتحول إلى «شوفينية» وفقدان تام لملكة النقد. ثانيًا لغة هذا المعلق تخبرك بمشكلتنا: لو كان التعليم جيدًا، وكنا نعرف كيف نكتب لغتنا لتحسن فهمنا للطريقة العلمية. على كل حال أعتقد أن العالم «مزهول» فعلًا من هذا الكشف العجيب. أوافق تمامًا على هذا الجزء.

كلما كتبت عن الطب الزائف وتجارة الأوهام، كتب لي أصدقاء محترمون يقولون إن كل الأدوية أصلها أعشاب، فلا تثريب على من يعالج كل الأدواء بالأعشاب: «مش الأفضل نرجع للطبيعة؟». بالطبع كل علم الصيدلة جاء من النباتات، لكن عليك قبل أن تستعمل عشبًا للعلاج أن تخبرني باسم المادة الكيميائية فيه، ولماذا هي قادرة على العلاج، ثم تفصلها نقية، ثم تدخلها في سباق الماراثون المرهق الذي يستهدف تطوير دواء جديد، بمراحله الأربع التي يعرفها دارسو الصيدلة والأطباء. المسألة ليست لعبًا إذن.

كنت أقرأ ملخص دراسة أمريكية فحصت مجموعة مرضى على مدى عشر سنوات بحثًا عن إصابات الكبد الناجمة عن الأدوية، خصوصًا تلك الأدوية التي تصنف كأعشاب أو مكملات غذائية. تبين أن نسبة ١٥٪ من أمراض الكبد ناجم عن هذه الأدوية (الآمنة).

تبين كذلك أن ٣٥٪ من حالات تلف الكبد تلك نجم عن الأدوية التي يتعاطاها الشباب لبناء عضلاتهم. وكانت هناك نسبة ٢٠٪ من الاضطرابات الناجمة عن أدوية الأعشاب. إن نسبة الإصابات تتزايد في الولايات المتحدة مؤخرًا، وخصوصًا مع أدوية كمال الأجسام تلك.

فيما مضى ذكرت شبكة «بي بي سي» التالي عن انتشار العلاج بالأعشاب الصينية في بريطانيا:

تتمحور المشاكل حول عقاقير وأدوية تتضمن مادة «أريستولوتشيا»، وهي مادة عشبية سُمية تؤثر بدرجة رئيسية على الكلى، كما يشتبه في كونها مادة مسببة للسرطان أيضًا، كما كشفت الوكالة البريطانية وجود مواد سُمية ثقيلة مثل الزئبق والزرنيخ في عدد من الوصفات العشبية، ويعترف رئيس الجمعية الأوروبية لممارسي طب الأعشاب «مايكل ماكنتاير» بأن هذا القطاع لا يخضع إلى أي رقابة أو تنظيم، حتى وإن كان ذاتيًا، ويقول إن بإمكان أي شخص الادعاء بأنه يفقه في طب الأعشاب. ويُعرف عن العلاج بالأعشاب أنه لا يخضع لنفس الرقابة والاختبارات الصارمة التي تخضع لها المنتجات الصيدلانية الخارجة من المختبرات العلمية.

فِطر «أمانيتا فلويدس» يسبب فشلًا حادًّا للكبد.. أي أن المريض يموت بغيبوبة كبدية خلال ساعات أو أيام.. كنا نقرأ عن مرض انسداد أوردة الكبد «veno-occlusive disease» ونحسبه بعيدًا عنا، ثم عرفنا من فقيد الطب الأستاذ فؤاد ثاقب أن «الجعضيض» و«الرِّجْلَة»

يؤديان هذا الدور بنجاح تام.. أليست هذه نباتات؟ وبالتالي طبيعية ومفيدة؟ الخلاصة: لا بد في البداية أن تعرف ما تتكلم عنه. ما المركب الكيميائي المفيد؟ هل تستطيع فصله؟ هل تعرف كيف يعمل وإتاحته الحيوية؟ لو لم يرق هذا لك فعلينا أن نغلق كليات الصيدلة كلها ونوفر هذا الإنفاق على الدولة، ونكتفي بأن «نزهل» العالم.

بين «السوفالدي» والكفتة

عرفتُ سيدة في منتصف العمر كانت تعاني حالة غريبة في كف يدها، فقد كانت تتورم ويصير لونها أخضر، ويستمر هذا عدة ساعات، ثم تشفى الحالة تلقائيًّا. فقط لتتكرر بعد شهر. بالطبع قمت بعرضها على عدد كبير من أطباء الأوعية الدموية والعظام والأمراض الجلدية.. لا جدوى. لا يوجد تفسير لهذه الحالة العجيبة. لما سئمت السيدة كل هراء الأطباء ذهبت لشيخ ـ هكذا تصفه ـ في قريتها فأعطاها بعض الأحجبة، والأهم أنه نصحها بألا تطلب رأي الأطباء ثانية لأنهم لا يعرفون شيئًا ويسببون الأذى فحسب! لم تشفَ السيدة على كل حال، لكن ما أثار غيظي هو أن الرجل لم يملك الحل، لكنه كذلك لا يريد للطب المعترف به أن يجرب أو يأخذ فرصته.

أتذكر هذا كلما قرأت الهجوم على العقار الجديد «سوفوسبوفير» («سوفالدي») الذي أنتجته شركة «جيلياد»، والذي احتل الصحف كعلاج فعال للفيروس الكبدي «سي».

عندما جاء ٣٠ يونيو من دون الإعلان عن نتائج علاج «الإيدز ـ

الفيروس «سي» ـ ارتفاع ضغط الدم ـ الحصبة» الذي أعلن عنه اللواء عبد العاطي، والذي قالوا إنه سيزلزل الأرض تحت أقدام علماء الكون، وسوف «نزهل» الدنيا كلها كعادة المصريين، لم أكتب عن ذلك لأنني ببساطة كنت أعرف يقينًا أن ٣٠ يونيو سيأتي ويذهب دون أن يحدث شيء.. الموضوع منتهٍ بالنسبة لي وغير وارد بتاتًا. قضمة واحدة من البيضة تنبئك بأنها فاسدة فلا حاجة لالتهامها كلها. قالوا لنا إننا سنتوارى خجلًا ونبحث كالصراصير عن شق نختفي فيه بعد ٣٠ يونيو، وبما أن شيئًا من هذا لم يحدث، فإنني أدركت أنه لو كتبت لامتلأت سطوري شماتة وسخرية لدرجة غير موضوعية. كانت طلقة صوت داوية لا أكثر أريدَ بها تملّق الجيش فآذته، والمشكلة هي أن أسماء علمية مشهورة وأطباء لهم احترامهم ورطوا أنفسهم في هذه المهزلة، ورأينا طبيبة تؤكد أن العلاج الجديد يقلل ضغط الدم المرتفع ويعالج الإكزيما، إلخ. يبدو أن الرغبة في النفاق والمصلحة الشخصية كانت أقوى من أي اعتبارات علمية. شعارهم هو: «فليذهب المجتمع والعلم إلى الجحيم ما دام الكذب سيحقق لنا نفوذًا وكسبًا ماديًا».

رأينا المذيع الذي أكد أن المصريين خطفوا قائد الأسطول السادس الأمريكي ليضغطوا على أمريكا لتتراجع عن احتلال مصر، أو شيئًا من هذا القبيل، وهي قصة أضحكت العالم كله علينا، مقابل نقاط يظن أنه أحرزها لدى القيادة. لا بأس.. من حقه أن يخرف إذا أراد، لكننا في موضوع اختراع الكفتة نعبث باسم مصر وحقيقة البحث العلمي فيها، ونلعب بأحلام آلاف المرضى.

الآن عرف الناس الحقيقة. بعضهم ابتلعها بمرارة وبعضهم ما زال

يجادل، والأظرف أن كثيرين يعتقدون أن عقار «السوفالدي» الجديد هو نفسه علاج الجيش الخاص بالكفتة. البعض يطالبنا بالانتظار حتى ديسمبر لتكون ستة أشهر أخرى قد مرت.

إن العناد يورث الكفر.. لقد أدركنا بوضوح أن علاج الكفتة بلا جدوى. هنا جاء دور التشكيك في عقار «السوفالدي» لإحداث بلبلة. لا يُهم أن يرتبك المرضى ولا يعرفوا إلى أين يذهبون.. المهم أن نُصر على رأينا ونحتفظ بعنادنا. يقول أحد الأساتذة المرموقين الذين ارتبط اسمهم باختراع عبد العاطي: «إن جهاز «سي فاست» المستخدم في تشخيص الفيروس «سي» ليس له مثيل في العالم». هل اختلفنا في هذه النقطة؟ كل هجومنا ينصب على الجانب العلاجي، فلماذا تقحم جانب التشخيص؟ يقول الأستاذ إنه مرتاب في سرعة طرح العقار «سوفالدي» في مصر خاصة أنه لم يجرب سوى على عدد محدود من النوع الجيني الرابع الموجود في مصر. قال كذلك:

نظرًا لأن القوات المسلحة شغوفة بعلاج المصريين من فيروس «سي»، فقد تم اختراع جهاز «كومبليت كيور» الذي لقي هجومًا مسيَّسًا شديدًا فلم يحاول أحد أن يطلع على حيثيات الاختراع، ولكن كان الهجوم من أجل الهجوم، فقط لزعزعة الثقة في الجيش المصري وعلمائنا الأجلاء وقدرتنا على اختراع مثل هذا الجهاز... هناك من يريد أن يصمَّ أذنيه عن سماع الحقيقة ليهاجم القوات المسلحة ويشكك الشعب المصري في جيشه العظيم... جاءت النتائج مبشرة

دون حدوث أي آثار جانبية للمرضى من استخدام الجهاز، ونحن بانتظار إعلان الجيش عن خروج جهاز علاج فيروس «سي» «كومبليت كيور» للنور بداية عام ٢٠١٥ المقبل.

ما زال الرجل مصرًّا على أن علاج الكفتة فعال، لهذا سوف ننتظر حتى أول عام ٢٠١٥.. بعدها يمكننا لو كنا أحياء أن نوجه له الاتهام بأنه تلاعب بعقول المصريين واستغل لقبه العلمي للترويج لخرافة. في جريدة «فيتو» (العدد ١٣٨) يشكك عالم آخر هو الدكتور محمد عبد الوهاب من جامعة المنصورة في «السوفالدي»، ويقول العنوان: «سوفالدي كذبة كبرى تكلف مصر ٢٠ مليار جنيه». عندما تقرأ المقال تكتشف أن العنوان درامي جدًّا، ولم يقله الرجل بالضبط، لكنه يطرح عدة أسئلة ومخاوف علمية معقولة جدًّا، ويذكر أن العقار لا يشفي التليف الكبدي كما يعتقد البعض، ولا يصلح للمرضى فوق السبعين، وهذه حقائق كلها لكنها لا تجعل العقار كذبة.

يقول أساتذة الكبد الذين درسوا الموضوع جيدًا: ما هو الخيار؟ أي علاج يبتعد عن عقار «الإنترفيرون» الخطر يستحق التجربة. العلاج بـ«الإنترفيرون» و«الريبافيرين» يستغرق زمنًا طويلًا ونتيجته محدودة جدًّا، فهل تجرب طريقة الكفتة؟ أم تجرب العقار الجديد الذي نال موافقة الـ«FDA» ودراسات مطولة؟ وبما أنه لا يمكن استعماله وحده منعًا لظهور سلالات مقاومة، فمن الممكن استخدامه مع «الإنترفيرون» و«الريبافيرين» لمدة ثلاثة أشهر، ويمكن استخدامه مع «الريبافيرين» لمدة ستة أشهر. لا شك أن وزارة الصحة حققت

نصرًا بتوفير هذا العلاج بسعر رخيص نسبيًّا.. الكبسولة الواحدة ثمنها في الخارج ١٠٠٠ دولار، والمريض يحتاج لثلاثة أشهر على الأقل، فاستطاعت الوزارة توفيره ليكون ثمن العلبة التي تكفي شهرًا ٢٢٠٠ جنيه مصري. العدد المستهدف في خطة العلاج القادمة هو ٦٠,٠٠٠ إلى ٧٠,٠٠٠ مريض. لاحظ أن أوروبا عاجزة عن استخدامه بسبب سعره الباهظ. هناك بدائل أخرى تظهر كل يوم، ومنها عقار الهارفوني المكون من «السوفسبوفير» مع «الليدباسفير».

المؤامرات موجودة بلا شك، وهذه الشركات لا تتعامل إلا بالأسهم وآليات السوق، لكننا نملك وسيلة للتحقق، هي المراجع والدوريات العلمية المحترمة بدلًا من كلام المصاطب. لقد بزغت شمس وانفتحت نافذة أمل لآلاف التعساء الذين دمر الفيروس «سي» حياتهم، ولا يمكن التعامل مع كل شيء بنظرية المؤامرة وألاعيب شركات الدواء كما هي العادة.. تذكر الطبيب «أندرو وايكفيلد» الذي قال إن لقاح «MMR» خطر ولا لزوم له سوى ثراء شركات الأدوية، وكانت النتيجة هي عودة الحصبة والتهاب الغدة النكفية بشكل وبائي قاتل إلى إنجلترا. ارحموا المرضى الذين كلما تحسسوا بابًا في الظلام وجدوا من يقول لهم إنه يقود لهاوية. فلنملك مرة واحدة شجاعة أن نعترف بالخطأ.

بعيدًا عن الطب

أنت وقطة «شرودنجر»

في طفولتي ذهبتْ أمي بي إلى المدرسة لأول مرة، وبعد جلسة طالت مع مديرة المدرسة ودعتني ورحلت، وهي خيانة لم أتوقعها قط.. كنت أحسب هذه الجلسة العابرة هي المدرسة ذاتها، وبعدها نعود للبيت وننسى هذا كله. فجأة وجدت نفسي في قبضة العاملة القوية.. رحت أحاول التملص كما يفعل السفاحون الذين يقتادهم عشماوي للمشنقة. كانت المرأة أقوى مني بمراحل، وقد اقتادتني إلى ممر طويل فيه فصول على الجانبين، وسألتني:

ـ هل تريد أن تكون في الطابق السفلي أم العلوي؟

قلت بلا تفكير وأنا أحاول الفرار:

ـ السفلي.

هكذا تحدد مصير باقي حياتي للأبد: الصف الذي دخلت فيه وقابلت أهم صديقين في طفولتي: أبهج وهانئ. وقد تحدد للأبد نمط تفكيري وتكوين شخصيتي: حب القراءة.. مجلات «سوبرمان» و«الوطواط» و«تان تان»، و«المختار من ريدرز

دايجست»، أطالعها مع أبهج، الطفل المسيحي الذكي ذي العوينات السميكة. حتى دعاباتي ذاتها.. هواية الرسم.. حب الطفولة.. كراهيتي للتعصب.. خجلي.. أعدائي.. كل شيء حددته إجابة قصيرة من فم طفل هو أنا.

في الثامنة من عمري، أذكر ذلك الزفاف في شبين الكوم.. قريبة بعيدة لنا والزفاف في بيتها كعادة الناس قبل اختراع قاعات الأفراح. كان الكل مشغولين مع العروس.. وكنت أنا طفلًا لديه تصريح غير مكتوب يتيح له الجلوس مع الرجال، ويتيح له دخول غرفة النساء، حيث تلتف صديقات العروس الخبيثات الضاحكات حولها يقرصنها ويتبادلن الهمس. بعد قليل قتلني الملل.. فتحت باب الشقة وخرجت، وسرعان ما كنت أقف أمام البناية ثم درت حولها.. وجدت نفسي في منطقة مترامية من الخضرة. مساحة شاسعة لم أرها في حياتي. تحركت ساقاي قبل أن أفهم.. كجواد حرون تركضان وتركضان وتركضان.. الهواء ورائحة النباتات ولذة الحرية.. لا بد أنني ركضت نحو عشر دقائق كاملة، ثم تهيأت للعودة.

هنا أدركت في هلع أنني ابتعدت جدًّا، وأنه من المستحيل أن أتذكر المكان الذي كنت فيه! رحت أركض نحو ما ظننت أنه بيت أقاربي.. قلبي يتواثب.. لا شيء.. كل مكان يبدو مختلفًا.. ليس من هنا، بدأت الركض.

أرهقني البحث عن المكان مع الرعب والندم.. وهنا وجدت أحد الجيران يقف أمام باب بيته وهو يلتهم ثمرة بلح في تراخٍ، فسألته عن بيت أقاربي وأنا أتوقع أنه لن يعرف.. أدهشني أنه أشار لشارع

جانبي فهرعت إليه لأجد البناية الحبيبة! هذا الرجل قد يكون زانيًا أو لصًّا أو سفاحًا لكنه ـ في تاريخ حياتي ـ قديس.

ماذا لو لم أصل للبيت؟ لو لم أكن أعرف اسم أقاربي بالكامل؟ ماذا لو ضللت طريقي في الشوارع؟ هل كنت أتحول إلى صبي ضال من صبية الشوارع، أو أعمل عند ميكانيكي وأتلقى ضربات بالمفك على رأسي قبل أن أتعلم؟ ربما كنت لأصير أشهر ميكانيكي سيارات أو أبرع سباك في شبين الكوم.. ربما كنت سأصير لصًّا وأتعلم النشل لدى عصابة على طريقة «أوليفر تويست». وبعد أعوام ترى صورتي كمسجل خطر في مديريات الأمن.. ربما!

نقطة تفرع أخرى جوهرية. وماذا عن النقاط الأخرى؟

لو لم أحصل على مجموع كافٍ في الثانوية العامة ودخلت كلية أخرى، ربما دخلت كلية الآداب كما كنت أتمنى أصلًا.. كنت أحلم بأن أكون أستاذًا للأدب الإنجليزي لكن أهلي أرغموني على دخول الطب بسبب المجموع العالي. كنت سأقابل زوجتي هناك في كلية الآداب معيدة أو طالبة وليست طبيبة، وكنت سأتزوجها وبالطبع ننجب أطفالًا آخرين تمامًا.. أم أخرى لن تأتي للعالم بمحمد ومريم.. كانت ستأتي بأطفال آخرين.

نقاط تفرع جوهرية لا حصر لها...

الحياة كلها محيرة وتحمل مفترقات طرق شتى.. وكل مفترق طريق يقود لاحتمالات أخرى تمامًا، فلو ضللت طريقي في شبين الكوم وتربيت في الشارع، وصرت ميكانيكيًّا، فلربما تزوجت بائعة خضر عرفتها هناك.. ولربما هي لا تنجب أصلًا، إلخ.

فيما بعد نصحني أحد الأصدقاء الشباب أن أشاهد فيلمًا اسمه «السيد لا أحد» أو «السيد نكرة»، وهو فيلم رائع عُرض عام ٢٠٠٩، ويتميز بسيناريو فائق الإمتاع، لكنه كذلك شديد التعقيد.

نقابل رجلًا اسمه «نيمو» ــ قام ببطولته الممثل «جاريد لوتو» ــ وندرك بصعوبة فكرة الفيلم الهيكلية: ماذا لو اختلف مصير هذا الرجل في كل مرة؟ مثلًا نقابله في جو خيال علمي عام ٢٠٩٢ يحكي قصة حياته لمحرر. يعتقد أنه في العقد الرابع من عمره، ويحكي عن مسار حياته لو اختلف عند نقاط التفرع المهمة:

في سن التاسعة ينفصل أبواه.. هنا نرى السيناريو الكامل لحياته لو عاش مع أمه وزوجها، وانغمس في قصة حب غير مشروعة مع ابنة زوج أمه، وهناك السيناريو الكامل لو عاش مع أبيه مع ملاحظة أن أباه سيصاب بالفالج، ويكون على الفتى أن يرعاه. نقطة تفرع أخرى في سن ١٦ سنة حيث يمر بثلاث قصص حب مختلفة مع ثلاث فتيات عرفهن في طفولته. نقطة التفرع الثالثة في سن الرابعة والثلاثين.

في مرة يتزوج من «أليس».. الفتاة المكتئبة التي ما زالت تحب رفيق مراهقتها.. وهي تطلب من «نيمو» أن ينثر رمادها عندما تموت فوق القمر. في مرة يتزوج فتاة تدعى «جوان» ويعيشان حياة رغدة رخوة لكنها مملة. في مرة هناك علاقة مضطربة عاصفة مع ابنة زوج أمه. ما هي الحياة الحقيقية؟ ومن هو نيمو حقًّا؟

والبطل يلخص مأساته: «عندما كنت أجهل المستقبل، لم أكن أستطيع اتخاذ قرار صحيح.. اليوم وأنا أعرف المستقبل لم أعد أستطيع اتخاذ أي قرار نهائيًّا!».

الأمور تزداد تعقيدًا عندما نعرف أن «نيمو» الذي يحكي القصة عام ٢٠٩٢ هو بطل في قصة خيال علمي كتبها «نيمو» الشاب!

هكذا تتداخل في الفيلم نظرية الفوضى مع تأثير الفراشة.. كل اختيار مهما صغر يمكن أن يضعنا في كون آخر مختلف تمامًا.. الحرية الحقيقية هي أن تعيش حياة لا ترغم فيها على الاختيار!

هذه باختصار شديد فكرة الفيلم الرائع، وأنت تعرف أن هناك أفلامًا كثيرة ناقشت المصائر المختلفة للإنسان، ومنها مثلًا «اجري يا لولا.. اجري»، و«الأبواب المنزلقة»، لكن هذا أجملها وأكثرها تعقيدًا.

الآن تعالَ نتعرف على قطة «شرودنجر»، فهي تفسر كل شيء.. أما من يخافون القطط فلهم أقول إن القطة افتراضية.. مثال توضيحي لا أكثر.

فليتسع أفقك وخيالك لأن الموضوع معقد. ربما لا يمكن شرحه جيدًا إلا بالمعادلات، لكنه مفهوم جيدًا لأي شخص درس ميكانيكا الكم (وأنا لست منهم للأسف).

«إرفن شرودنجر» فيزيائي نمساوي له معادلات مهمة جدًا في ميكانيكا الموجات، وثمة معادلة شهيرة باسمه.. كان كذلك فيلسوفًا مهمًّا قبل أن يموت عام ١٩٦١. على فكرة، نقشوا نظرية الموجة التي ابتكرها على شاهد قبره الحجري.

قطة «شرودنجر» شهيرة جدًّا في وجدان الغربيين، وقد قدم النظرية عام ١٩٣٥. يبدو أن نظرية القطة هي رد على تفسير مدرسة كوبنهاجن لميكانيكا الكم. تخيل «شرودنجر» أننا وضعنا قطة حية في غرفة

معدنية ومعها زجاجة فيها سيانيد. هناك عنصر مشع في القفص، لو تحلل هذا العنصر فسوف يؤدي لأن تهوي مطرقة على زجاجة السيانيد وتقتل القطة بالغاز.

يبدو الأمر شبيهًا بفخاخ «جيمس بوند» الشهيرة، فلربما كان الإصبع الذهبي يضحك الآن في تشفٍّ.

مراقب التجربة لا يعرف إن كان العنصر تحلل أم لا، وهل ماتت القطة أم لا. نحن لا نعرف.. لهذا القطة ميتة وحية في نفس الوقت.. هذا هو مبدأ التراكب (superposition) المعروف في ميكانيكا الكم.. هنا حالة شك لن تزول إلا بفتح الصندوق لنرى إن كانت القطة حية أو ميتة. لا توجد نتيجة للتجربة ما لم تتم ملاحظتها.

والمشكلة هي أن فتح الصندوق تدخل سافر في التجربة. يطلقون على هذا مصطلح «تناقض الملاحظ».

مبدأ التراكب يتحقق فعلًا تحت مستوى الذرة.. يمكنك أن تجد الفوتون في عدة أماكن في نفس الوقت.

هل تفهم؟ موضوع معقد جدًّا، وقد قال «شرودنجر» نفسه إنه يتمنى لو لم يرَ هذه القطة اللعينة قط!

«أينشتاين» راقت له التجربة وكتب يهنئ «شرودنجر» ويقول له إنه العالِم الوحيد الذي استطاع أن يبرهن على أن الحقيقة نسبية وخطرة جدًّا. ليس هذا كلامًا فارغًا أو تسلية مدمنين.. تذكر أن ميكانيكا الكم علم مهم، وهو من العوامل التي تجعل الغرب في مقدمة الركب، بينما نحن نتعثر في المؤخرة.

عندما تطبق نظرية «شرودنجر» على نطاق واسع فإنك تفهم فيلم

«السيد لا أحد» بشكل أفضل.. كل المسارات صحيحة وحدثت.. «نيمو» عاش مع أبيه ومع أمه، وتزوج الفتيات الثلاث، وهو بطل قصة الخيال العلمي التي رأيناها، لكننا لا نعرف حقًّا أي قصة هي الصحيحة إلا من المكان الذي يقف فيه الملاحظ.

هذه هي نظرية «العوالم العديدة». القطة حية وميتة معًا، لكن كل واحدة في كون آخر لا تعرف شيئًا عن الأخرى ولا يوجد اتصال بينهما.

ربما أنا اخترت فصلًا آخر في المدرسة الابتدائية وعرفت أصدقاء آخرين: مصطفى وغادة ورامي.. وصارت لي شخصية مختلفة، وكلانا نعيش في العالم لكننا لا نعرف بعضنا.. فقط أنا أحكم على رؤيتي، أنا حسب الجهة التي أقف عندها من التجربة.

الحياة حشد من الاختيارات الطفيفة في كل مرة، لكن كل اختيار يقودك لمنعطف جديد. في النهاية تقف عند الجانب الآخر من المدينة وتتساءل أين كنت ستكون لو اخترت أشياء أخرى؟ الفكرة التي تصدع الرأس أن يكون هؤلاء جميعًا موجودين في أطراف المدينة الأخرى لكنك لا تعرف عنهم شيئًا ولا تعرف كيف تجدهم!

حتى يغادروا البيت

سُقيًا لتلك الحقبة التي ساد فيها شريط الفيديو وأندية الفيديو. كنت قد اشتريت أول جهاز فيديو في حياتي ـ بالتقسيط طبعًا ـ ووضعته في أهم ركن بالبيت، ثم ذهبت لنادي الفيديو لأستأجر تلك الأحلام المعبأة في شرائط. البائع البشوش يقف ليحدثك عن كل فيلم كأنه ناقد سينمائي، وخيبة الأمل عندما تكتشف أن وغدًا ما أخذ الفيلم الذي تريده ولم يرجعه بعد.. لماذا يشاهد الناس الآخرون الأفلام؟ تبًّا لهم! أليس لديهم ما يشغلهم؟ الانتظار والقلق والعودة ليلًا لتسأل عن ذات الفيلم، فإذا كان صاحب النادي صديقك خبأه لك في درج جانبي، تأخذه وتهرع مغادرًا المكان كأنك تحمل شحنة مخدرات. صوت الشريط وهو يدخل جهاز الفيديو كأنه رضيع متلهف لحضن أمه.. علامة الشركة المنتجة.. الأفلام القادمة. لو كان الشريط جديدًا فلن تعاني مشكلة القاذورات التي تتلف رأس الجهاز المغناطيسي. هذه كانت أيامًا سعيدة فعلًا، ولهذا كان يجب أن تنقرض.. اختفى هذا الاختراع بالكامل.. عليك اليوم أن تستأجر قرصًا مدمجًا (سي دي)

يتلف وتملأه الخدوش بعد ربع ساعة من استعماله. تحاول أن تصلح الخدوش بمعجون الأسنان وهي طريقة لا تنجح أبدًا برغم أن النت تؤكد أنها فعالة. ليس هذا موضوعنا على كل حال برغم ما في ذلك من «نوستالجيا».

أقول إن أحد المنتجين الأذكياء ـ أو النصابين ـ قرر أن يكسب بعض المال، فطرح أفلام فيديو قال إنها مجسمة.. وكان الفيلم يؤجر مع نظارة تجسيم تُباع بسعر باهظ. قلت لنفسي ربما.. لكني ألقيت نظرة على الصورة من دون نظارة فأدركت أن الأمر مزحة سخيفة. لكي تكون الصورة مجسمة يجب أن تبدو مهزوزة تسبب الصداع من دون نظارة، أو تكون خليطًا من اللونين الأحمر والأخضر.. هنا كانت صورة عادية جدًّا. إذن التجسيم مستحيل.

واصل المنتج النصاب دعاباته فأظهر الشاشة مقسومة.. على اليمين صورة وعل وعلى اليسار صورة وعل.. ثم كتب على الشاشة: البس النظارة وشاهد الفارق بين الصورة اليمنى المجسمة واليسرى العادية! طبعًا لا فارق من أي نوع.. لكن الناس تحب أن تُخدع. هكذا فوجئت بصديق لي يقول في انبهار:

ـ فعلًا يا أخي.. الصورة اليسرى مجسمة جدًّا.

قلت له:

ـ الرجل يتكلم عن اليمنى.

هذا نموذج ممتاز للطريقة التي يقنع الناس بها أنفسهم بأي شيء. الحقيقة أن السينما واجهت تحديًا رهيبًا منذ ظهر التلفزيون.. لقد صار الممثلون والقصة قادرين على دخول غرفة جلوسك، لتشاهد

الفيلم مسترخيًا وأنت تتلذذ بتناول العشاء وتشرب مشروبًا باردًا وتدخن... ما الذي يرغمك على ارتداء ثيابك والبحث عن الحذاء تحت الفراش، وقيادة سيارة أو ركوب المواصلات في الزحام إلى السينما، حيث تجلس في مقعد في الظلام لمدة ٣ ساعات؟

عندما تقرأ في تاريخ السينما تكتشف أن محاولات الإبهار لم تتوقف يومًا واحدًا، وأن نظام «الآيماكس» مثلًا قديم جدًّا.

أقدم مثال في ذهني هو فيلم «الوردة البيضاء» عندما كانوا يقدمون لكل مشاهد يدخل السينما وردة بيضاء، وفوجئ الناس في أكثر من حفل أن عرض الفيلم توقف وارتفع الستار ليظهر عبد الوهاب نفسه ليقدم نفس الأغنية التي كان سيغنيها في الفيلم!

مثلًا هناك أسلوب «السينراما» و«السينما سكوب».. الغرض الأساسي كان تكبير الصورة وإذابة الحدود التي تنتهي عندها الشاشة يمينًا ويسارًا ليحس المشاهد أنه في قلب المشهد.

عندما قدم «أبيل جانس» فيلم «نابليون» عام ١٩٢٩ (تأمل التاريخ المبكر) عرض الفيلم على ثلاث شاشات متجاورة.. كان هذا حدثًا ضخمًا يضعك في قلب معارك «بونابرت» فعلًا. فيما بعد استعادت اليونسكو أجزاء الفيلم وعالجتها رقميًا وعرضت الفيلم عام ٢٠٠٤ بالضبط كما عرضه «جانس» عام ١٩٢٩.. هكذا يمكن قول إن «جانس» هو مبتكر «السينراما».

تم تطوير فكرة الكاميرات الثلاث أكثر عام ١٩٥٢. لكن ظلت هناك مشكلة خطيرة هي تزامن آلات العرض الثلاث مع دقة بالغة في طبع الأفلام.. أي خطأ سوف يؤدي إلى أن يظهر خط أسود

بين الشاشات.. أو يظهر البطل على الشاشة اليمنى ثم يتكرر على الشاشة الوسطى.

بعد هذا ظهر حل أكثر شعبية هو «السينما سكوب».. أنت تعرفها.. تذكر الشاشة العريضة التي عرض عليها فيلم «الناصر صلاح الدين» أو «وا إسلاماه».. أول من جربها كان المخرج العظيم محمد كريم، وقد حصل على العدسة العجيبة «هايبر جونار» ـ التي تضغط الصورة في الكادر العادي ـ بالإيجار من شركة «فوكس» للقرن العشرين، وقد صور بها فيلم «دليلة» لعبد الحليم حافظ. من انتقدوا الفيلم قالوا إن الكاميرا كانت مصابة بتصلب الشرايين، ولم تكن تتحرك بتاتًا كأننا نشاهد مسرحية.. الحقيقة أنه كان خائفًا من تحريك الكاميرا لأن العدسة تسقط بسهولة ولو تحطمت لخربت شركة «فوكس» بيته.

بعد هذا تم تطوير الفكرة أكثر مع «الفيستافيجان» و«الألترا بانافيجان».. «الآيماكس» الذي اجتاح مصر ليس سوى حيلة قديمة لجعل المشاهد يغوص في المشهد أكثر لدرجة تحسس الممثلين. أنا دخلته وشعرت أنني أوشك على الاختناق.. الشاشة تجثم على نفسي ولا أرى حدها العلوي.. لا أرى السماء.

هذا عن شكل الشاشة وحجمها.

هناك ألعاب طريفة يجب ذكرها.. مثلًا «الواخز»: هو كائن فضائي يتسلل لأجسادنا عبر أسفل العمود الفقري. هكذا قام أصحاب السينما التي عرضت فيلم الرعب هذا، باختيار بعض المقاعد في السينما ليزودوها بجهاز يطلق شحنة كهربية خفيفة

في لحظة مثيرة من الفيلم.. تصور صراخ النساء عندما يشعرن بأن الواخز يتسلل لأجسادهن!

تم التطوير في اتجاه آخر هو الأفلام ذات الرائحة (smellies).. نعم.. لا مزاح هنا. عام ١٩٦٠ فكر العلماء في أن تكون الأفلام ذات رائحة... جميل أن ترى فيلمًا يدور في مرج أو له رائحة «مارلين مونرو». كانت هناك طريقتان: طريقة إطلاق روائح من مضخات خاصة في قاعة السينما، وهذه الروائح تعمل طبق نظام كمبيوتر صارم. الطريقة الأخرى هي أن يحمل المشاهد دفترًا مرقمًا يحمل عدة روائح.. ويتم شم كل جزء من الدفتر حسب سياق الفيلم. الفكرة جيدة لكن المشكلة أن زوال الروائح من جو السينما كان بطيئًا فعلًا لهذا كانت تختلط ببعضها، وكانت تصل للجالسين في البلكون بعد انتهاء المشهد. هناك طريقتا «Smell-O-Vision» و«AromaRama». لكن الطريقتين فشلتا بسبب عدم حماس الجمهور. وحتى اليوم ما زالت هناك محاولات لإحياء هذه الفكرة مثل فيلم «الأطفال الجواسيس» لـ«روبرت رودريجز» الذي عرض مع دفتر روائح.

كنا نتكلم عن الإيحاء.. هناك رجل ظهر على شاشة التلفزيون الأمريكي ليعلن أنه اخترع جهاز «سمل» أو «فيجان» الذي ينقل الروائح للمشاهدين للتلفزيون في بيوتهم. وقام بتقشير البصل وأعلن أنه سينتقل للمشاهدين عبر الجهاز.. الغريب أن المشاهدين اتصلوا بالقناة يشكون رائحة البصل الخانقة في بيوتهم! ولم يخطر لهم أن يلاحظوا أن هذا هو أول أبريل!

على مستوى الصوت جربت السينما كل شيء: «الستريو»

و«الدولبي» وأشياء أخرى يمكن لأي مهندس أن يحدثك عنها.. لكن تجربة «سنس ساراواند» تستحق الإشادة. لقد شاهدنا في القاهرة فيلمَي «الزلزال» و«جالاكتيكا».. وكان تأثير موجات الصوت التي تهز المقعد رهيبًا.. بالفعل أحشاؤك ترتج مع الزلزال.

ننتقل الآن إلى التجسيم.

كان أبي يحكي لي عن استمتاعه في طفولته بعروض السينما المجسمة في دمنهور مسقط رأسه، وكان يحكي عن النظارة ذات العدسة الخضراء والعدسة الحمراء.. مما يدلك على أن الفكرة قديمة جدًّا.

سعدت جدًّا عندما رأيت لأول مرة تلك النظارات التي تعكس لك صورة مجسمة، وهكذا قرأت كثيرًا في موضوع التجسيم.

لا يمكن الشعور بالتجسيم إلا بعينين، ترى كل منهما صورة مختلفة قليلًا ويمزج المخ الصورتين ليحصل على مشهد مجسم. المشكلة هي أن توصل لكل عين الصورة التي يجب أن تراها.

أشهر طريقة وأسهلها هي طريقة النظارة.. النظارة قد تكون ملونة.. عدسة خضراء وعدسة حمراء.. هكذا لا ترى العدسة الحمراء سوى المشهد المصبوغ بالأخضر والعكس.. أنا رأيت فيلم «أطفال جواسيس» بهذه الطريقة، والنت مليئة بصور مماثلة.

النظارة قد تكون شفافة تعتمد على نظرية الضوء المستقطب.. كل عين لا تستقبل إلا الضوء المستقطب في اتجاه عدستها سواء كان أفقيًّا أو عموديًّا.. هذه هي طريقة العرض التي رأيناها في مصر.. كانت هناك سلسلة أفلام مثل «هجوم على المتفرجين» و«بيت الرعب»

المجسم حيث قصة الفيلم باختصار هي أشخاص يلقون أشياء على الجمهور! بعد هذا بدأت الفكرة تتطور ورأينا أفلامًا مجسمة بشكل أفضل وبذات تقنية الضوء المستقطب مثل فيلم «أفاتار».

مشكلة أسلوب النظارات هي أنك تصاب بصداع عنيف.. لو نزعت النظارة ونظرت للشاشة لأصابك الهلع من الصورة المهزوزة هناك.. ربما جعلك هذا تشعر بغثيان. الصداع هو ضريبة السينما المجسمة على كل حال.

هناك طريقة الشبكات، مثل الشبكة التي ابتكرها المهندس السوفيتي «سيمون بافلوفتش»، الذي ابتكر شبكة تمنع عن العين اليمنى ما يجب أن تراه اليسرى والعكس.. هذا شيء معقد جدًّا، لكن مشكلته هي أن المشاهد لا يحرك عنقه طيلة الفيلم.

في فرنسا صمم «ف. سافوي» شبكة مماثلة عرض بها فيلمًا مجسمًا عام ١٩٤٦.

السينما علم وفن وصناعة.. لا شك في هذا. لكن في النهاية تظل هذه التقنيات نوعًا من ألعاب الحواة أو عروض السيرك.. المهم ما يقوله الفيلم نفسه وبُعده الإنساني.. كان «شابلن» يقول: «أفضل تقديم وجه رجل يقلب فنجان شاي على تقديم بركان ينفجر».

شاهدت فيلم «أفاتار» في السينما فانقطعت أنفاسي انبهارًا.. التجسيم المرعب وتقنيات الكمبيوتر والصوت «الدولبي». كل هذا مذهل. لكن عندما عرض الفيلم في التلفزيون ماذا بقي منه؟ نفس قصة «الرقص مع الذئاب» بالضبط مع مستوى فني أقل. حتى الكائنات الفضائية بدت أقل مصداقية عندما فقدت تجسيدها.

لن تكف السينما عن محاولة جذبك لمغادرة بيتك، لكن ما يبقى في النهاية هو ماذا قال الفيلم وكيف تم تصويره وإخراجه، وماذا فعله الممثلون.

لا تكن ساذجًا

عندما كنا طلابًا، مشيت مع صديقي هذا في الكلية نتبادل عبارات المزاح.. كان في حالة من الانبساط والرغبة الشيطانية في العبث، عندما دنا منا ذلك الطالب المذعور يسألنا عما إذا كانت نتيجة البكالوريوس قد عُلقت.. قال صديقي:

ـ لم تُعلق بعد.. إنهم يقومون بتغييرها!

نظر له الطالب في عدم فهم، فقال صديقي في غموض:

ـ ألم تفهم بعد؟ ابنة العميد ضمن الطلبة.. لا تكن ساذجًا كطفل! افهم!

أطلق الطالب المذعور سبة على غرار «آه يا بلد الـ...».. وانصرف يجري كالمجنون، بينما انفجر صديقي ضاحكًا.. لقد ولدت إشاعة قوية سوف تحتاج لوقت طويل حتى تتلاشى، ولسوف يرددها الجميع ناسين أن العميد ـ وقتها ـ ليس له أولاد على الإطلاق!

خلاص لم أعد أتحمل المزيد من نظرية المؤامرة.. بلغت روحي الحلقوم، فلم أعد أطيق أن أرى واحدًا من هؤلاء الأذكياء الذين

يُضيقون عيونهم ويضحكون في غموض، ويقولون: «لا تكن ساذجًا». كل شيء مؤامرة.. كل شيء تم التخطيط له من قبل وليس كما يبدو.. إن نظرية المؤامرة لذيذة جدًّا وتشعرنا بالتفوق على الآخرين السطحيين. تمطر السماء فينظر لك في حنكة وذكاء ويقول: «البلهاء يعتقدون أن هذا المطر طبيعي.. لا يعرفون أنها مؤامرة من الحكومة الأمريكية». وبالطبع في مناخ مَرَضي مظلم كالذي يعيشه العالم العربي تزدهر فطريات وطحالب وجراثيم نظرية المؤامرة جدًّا، حتى إنك قد تصاب بالعَتَه لو واظبت لفترة على متابعة بعض المنتديات الخليجية. والأكثر طرافة أن الكل يصدق ويشكر صاحب النظرية لأنه جعلهم يعرفون ما كانوا يجهلون.

منذ أعوام سادت العالم الغربي نظرية حمقاء عن أن الأمريكان لم يصلوا للقمر قط.. قالوا إن «ناسا» تلعب أكبر خدعة في التاريخ، وقد تبنى كثيرون في العالم العربي هذه الإشاعة حتى بدأت إشاعة أخرى تقضي بأن «لويس أرمسترونج» ـ أول من مشى على القمر ـ سمع صوت الأذان على القمر ثم سمعه بعد عودته للأرض فأسلم على الفور، وبالطبع تتكتم الحكومة الأمريكية هذه القصة. الطريف أن ذات المنتدى يضم الرأيين معًا غالبًا.. ترى هل مشى «أرمسترونج» على القمر فأسلم، أم لم يصل أحد للقمر أصلًا؟ والأظرف أن صاحب الموضوع لا بد أن يكتب قائلًا: «نحن العرب سذج نصدق كل شيء وسهلو الخداع!». هذا كلام دقيق جدًّا، لكن ليس بالطريقة التي تريدها يا صاحبي.

إن إشاعة «ناسا» شهيرة على كل حال، وقد بدأت ببرنامج سخيف

قدمته قناة «فوكس» الإخبارية عام ٢٠٠١. يرى من صنعوا البرنامج أن صور الهبوط على القمر تم تصويرها في استوديو في قاعدة جوية في «سان برناردينو».. مثلًا انعكاسات الأشياء على زجاج قناع رواد الفضاء يوحي بوضع معكوس للعلَم الأمريكي غير الموضع الذي غرس فيه فعلًا. العلَم يرفرف مع النسيم فكيف يوجد نسيم على ظهر القمر؟ لا توجد أي نجوم في أية صورة التقطتها «ناسا» برغم أنه من المنطقي أن تزدان السماء بها متى غادرنا غلافنا الجوي. يقول المدافعون عن «ناسا» إن هذا منطقي لأن ضوء الشمس يغمر سطح القمر ويحجب أية نجوم، والأمر يشبه خروجك من غرفة ساطعة الإضاءة إلى الليل.. عندها لن ترى أي نجم. قال المشككون إن آثار المركبة القمرية واضحة ومحددة أكثر من اللازم، ولا بد من خلط التربة بالماء لإحداث أثر كهذا.. الإجابة هي أن التربة القمرية ناعمة جدًّا كالدقيق تلتصق بالأحذية وترسم أي شكل يلتصق بها من دون ماء.

كيف لم تُحدث المركبة ثقبًا تحتها عندما لمست تربة القمر؟ الإجابة هي أن مساحة القاعدة التي تمس التربة عريضة مما أدى لتوزيع الضغط وبالتالي صار الضغط عليها لا يتجاوز وزن رائد الفضاء ذاته، دعك من أن عدم وجود ثقب هو أقرب للتصديق من وجوده، لأنه كان بوسع ملفقي المشهد أن يصنعوا واحدًا.

قال المشككون إن أحد الجبال عليه حرف «C» بشكل واضح، وإن هذه علامة تخص صاحب «العهدة» كما يكتبون «بيومي» على ظهر الكراسي عندنا.. الحقيقة أن هذا الحرف لم يوجد في الصورة

الأصلية التي صار عمرها ثلاثين عامًا، إنما في النسخ المستخدمة منها؛ فهو مجرد عيب تحميض. أما النقطة الأهم التي يكررونها في كل مقالاتهم تقريبًا فهي: كيف استطاع رواد الفضاء اختراق حزام «فان ألين» الإشعاعي القاتل المحيط بالأرض؟ الإجابة هي أنهم يجتازونه مرتين فقط أثناء المغادرة وأثناء الرحيل، وتكون سرعتهم خمسة وعشرين ألف ميل في الساعة؛ لهذا يتعرضون له أقل من ساعة، وهذا لا يكفي إلا لإصابتهم ببعض الغثيان.

يتساءل البعض: لماذا لم ترسل «ناسا» رجالًا آخرين للقمر منذ عام ١٩٧٢؟ الإجابة هي أن العملية كانت مكلفة وخطرة.. وقد أرسلت «ناسا» ١٢ رجلًا بالفعل.. وأثبتت أنها قهرت الاتحاد السوفيتي. هذا يكفي.. خاصة أن تنفيذ نفس المهمات اليوم سوف يكون باهظًا جدًّا بحساب التضخم.

من ضمن ما يقال كذلك إن عشرة رواد ماتوا أثناء مشروع «أبوللو» بظروف غامضة لا تفسير لها في مركبات أو طائرات نفاثة. قالوا إنها حوادث متعمدة كي لا يتكلموا عن الفضيحة التي لمسوا أبعادها. السؤال هنا هو: لماذا تفعل «ناسا» هذا؟ وما مصلحتها؟ يجيب المشككون أن الهدف بسيط جدًّا. لكي تحصل على ٣٠ مليار دولار من أموال دافعي الضرائب.. ثم إن الحكومة الأمريكية كانت تعاني الويلات في فيتنام؛ لذا أرادت أن تشغل الناس بموضوع آخر، ولو لاحظت التواريخ لوجدت أن تاريخ الخروج من فيتنام يتزامن مع توقف رحلات الهبوط على القمر بعد «أبوللو ١٧». دعك من رغبة الحكومة الأمريكية في قهر السوفييت

الذين كانوا يعملون بحماس مجنون للهدف ذاته، لهذا اخترعت هذا الهبوط لتدَّعي التفوق عليهم.

هكذا تنهال النظريات عندنا.. صدَّام لم يُقبض عليه.. صدَّام قُبض عليه في زمن غير الذي أعلنوه بدليل البلح.. صدَّام لم يُعدم وإنما أعدم البديل (هناك كتاب كامل سميك عن هذا الموضوع، على كل حال عند عم مدبولي يرحمه الله).. قاتل نادين ليس قاتل نادين.. وكل من يقبض عليه في أية جريمة ليس هو الفاعل.. ياسر عرفات ليس مريضًا إنما هي خدعة.. الفراعنة لم يبنوا الأهرام وإنما قوم عاد.. «مايكل جاكسون» هو «جيفارا»، لكن الحكومة الأمريكية تخفي ذلك.. فيروس «سي» أكذوبة ولا وجود له، وإنما اخترعته شركات «الإنترفيرون».

أما أحدث النظريات فهي كون إنفلونزا الخنازير مؤامرة بيولوجية رتبتها شركات الأدوية، و«ديك تشيني» صاحب نصيب الأسد من أسهم «التاميفلو». الجيش الأمريكي يحقق سرًّا في عينات فيروسية سرقت من المختبر الرئيس الذي يحوي عينات من «الأنثراكس» والإيبولا، وهناك مجرم معروف هو «بروس إيفينز» الباحث وخبير الأمصال في «فورت دتريك» بـ«ماريلاند» الذي اتهمه الجيش الأمريكي رسميًّا بإرسال ميكروب الجمرة الخبيثة لأعضاء الكونجرس عام ٢٠٠١. هذا المجرم انتحر قبل المحاكمة، مما جعل الجميع يعتقد أن هناك مؤامرة أكبر.

بالطبع تنفي منظمة الصحة العالمية هذه الإشاعة تمامًا. هناك فيروس معروف والجميع كان يتوقع أن يصحو في هذه الأيام بالذات

طبقًا لساعة الوباء التي حددها علماء الوبائيات، ثم إن ضحاياه الذين ماتوا قليلون. وهذا لا يتفق مع الأسلحة البيولوجية التي يجب أن تكون فعالة جدًّا في القتل.

لكن أصحاب نظرية المؤامرة لا يتعبون ولا يخجلون.. سوف ينسون هذا الموضوع ويبدأون في تبني نظرية جديدة.. شعارهم هو: «لا تكن ساذجًا.. أنت أذكى من ذلك». كما ترى؛ فالغرب يملك نظريات مؤامرة مثلنا، لكنه يتعامل معها بحجمها الحقيقي ولا يجعلها أسلوب حياة كما نفعل نحن، لكننا بالفعل نعاني مشكلة مع التذاكي واحتكار الحقيقة. يبدو أنه لا يوجد مكان في العالم تفر إليه من نظرية المؤامرة إلا القبر.. وربما تجد من يشكك في وفاتك لا سمح الله ويزعم أنها خدعة كبرى قام بها الموساد.

جورج الوحيد

أنت شخص وحيد.. وحيد بالمعنى الكامل للكلمة. لا أحد يستمع للأغاني التي تعشقها.. لا أحد قد قرأ ما قرأت أنت من كُتب.. لا أحد يضحك على النكات التي تجدها أنت ظريفة.. لديك ذكريات لكنها كعملة أهل الكهف لا قيمة لها اليوم، ولا أحد يريد سماعها برغم أنك تجدها ثمينة جدًّا.

أصدقاء الماضي رحلوا واحدًا تلو الآخر.. تغيرت الأماكن والاهتمامات. أنت صانع طرابيش رائع.. أنت صانع سيوف بارع.. لا أحد يريد ما تجيد عمله ولا يتعاملون به، برغم أنك أفضل من يقدمه.

تتساءل عن اليوم الذي يستعيد فيه الناس وعيهم.. متى يسترجعون جمال الماضي.. متى تعود أنت مهمًّا.. لكن هذا لا يحدث أبدًا.

في النهاية أنت تتجه إلى النهر المظلم.. النهر الذي عبره كثيرون من قبلك ولم يعودوا.. سوف تعبر إلى الجانب الآخر وسوف ينساك الجميع.. وكما يقول الشاعر السعودي الدكتور غازي القصيبي:

يقولون كان عنيدا

وكان يقول القصيدا

وراح يحاول شيئًا جديدا

ومات وخلَّف هذا الوجودا

كما كان قبلًا غبيًّا بليدا

ففيم العناء؟!

هذه باختصار قصتي أنا وأنت وجورج الوحيد.

العالم كله يعرف جورج الوحيد ويتكلم عنه. لكن لا بد أولًا أن آخذك في رحلة بعيدة جدًّا.. رحلة إلى الإكوادور... هات يدك ولا تخف!

إنها رحلة شاقة عسيرة، وقد خاضها من قبل عالِم عظيم شهير هو «داروين» عام ١٨٣٥. وكان على ظهر سفينة اسمها «بيجل». وصل إلى الجزر التي نتكلم عنها اليوم، وكانت عذراء وقتها.. هذه الجزر هي جزر «جالاباجوس».. كانت أكبر مختبر للتطور ولدراسة التشريح المقارن في العالم. لقد كانت «جالاباجوس» مختبرًا تمارس فيه الطبيعة تجاربها دون تدخل من أحد لمليون سنة. احترس من البق.. هنا بقة لعينة اسمها «ترياتوما» تنقل مرضًا اسمه «شاجا».. مرض «شاجا» يؤدي لتضخم القلب والمعدة والأمعاء. بهذا المرض مات «داروين» لأنه أصيب بالعدوى في شبابه في هذه الجزر.

«الجالاباجوس» ١٩ جزيرة بركانية كبيرة، وعشرات الجزر الصغيرة تنتشر على مساحة ٦٠ ألف كيلومتر غربي أمريكا الجنوبية عند خط الاستواء. لقد رآها الأمريكي «هيرمان ملفيل» ـ مؤلف

رواية «موبي ديك» الشهيرة ـ وقال إنه لم ير قط بقعة في الأرض أشد قسوة وانعزالًا. إن هذه المنطقة هي أكثر منطقة بركانية نشطة في العالم كله.. وحتى اليوم تعتبر كثافة السكان قليلة جدًّا.. إن مستوطنة «بويرتو آيورا» هي أكثر البقاع ازدحامًا في الجزر لأن بها ٨٠٠ نسمة! هذه من البقاع النادرة في العالم التي لا يوجد بها سكان أصليون على الإطلاق، وإنما كل من عليها وافد. العاصمة هي «سان كريستوبال»، واللغة الأولى هي الإسبانية طبعًا.

الجزر اكتشفها «توماس دو برلانجا» عام ١٥٣٥ وقد سمى السلاحف باسم «جالاباجو» لأنها تشبه السرج الإسباني، ومن هنا حصلت الجزر على اسمها. في العام ١٥٧٠ رسمت الجزيرة على الخرائط لأول مرة. وفي القرن السابع عشر اتخذها القراصنة البريطانيون و«البوكانير» (قراصنة الكاريبي) قاعدة لهجماتهم، كما أن صيادي الحيتان كانوا يرتادونها كثيرًا، وقد كاد هؤلاء يقضون على السلاحف بها، لأنها تعد طعامًا ممتازًا في البحر. إنها لا تأكل ولا تشرب لمدة عام، ويمكن تخزينها بالمئات في قاع السفينة. وفي فترة من الفترات صارت الجزيرة سجنًا. وفي العام ١٨٣٢ ضمتها حكومة الإكوادور لها ـ لأنها كانت جزرًا بلا صاحب ـ وأطلقت عليها اسم «أرخبيل الجالاباجوس».

فيما بعد حولت حكومة إكوادور هذه الجزر إلى محمية طبيعية ومنطقة سياحية جاذبة، كما أقامت مركز «تشارلز داروين» للأبحاث لتسهل العمل على العلماء في كل العالم.

ومن يذكر كتاب الأحياء في المدرسة يعرف جيدًا أن «داروين»

استكمل نظرياته عن أصل الأنواع والتطور والارتقاء عندما وصلت السفينة «بيجل» هناك عام ١٨٣٥. كنت في الثانوية العامة أدرس منهج التطور، وقد ربطت اسم الجزر بعبارة «الغلابة جوز» لأنها أسهل حفظًا. أهم حيوان في الجزر هو سلحفاة «جالاباجو» التي أعطت اسمها لهذه الجزر، وهي تبدو كأنها دبابة قادمة من عصور ما قبل التاريخ... لقد نشأت منذ ٧٠ مليون سنة كما يرى العلماء. حيثما كانت الأشجار عالية صارت أرجل السلحفاة أطول وصارت لصدفتها فتحة أوسع تسمح بمد العنق. بينما في الجزر التي ينمو فيها العشب مثل «سانتا كروز» فإن السلاحف قصيرة الأرجل. في هذه الجزر تجد السحالي البحرية الوحيدة في العالم، كما تجد أنواعًا غريبة جدًّا من سحالي «الإجوانا». «الأرض التي غفل عنها الزمن» عنوان معتاد في قصص الخيال العلمي، كما أنه عنوان مفضل لدى «إدجار رايس بوروز» مبتكر شخصية طرزان. لكن هذه الجزر هي الأرض التي غفل عنها الزمن فعلًا.

الحقيقة أن «داروين» كاد يصاب بالخبال عندما رأى هذه الجزر، وقد جمع حشدًا من العينات ظل يدرسه عدة عقود.

في جزيرة «بانتا اسبينوزا» تجد طائر الغاق الذي لا يقدر على الطيران.. هذا طائر كان يطير قبل أن يبلغ جزر «الجالاباجوس»، ثم وجد وفرة من الأسماك فاستغنى عن الطيران.. جيلًا بعد جيل ضمر جناحاه من قلة الاستعمال.

اللغز هو: لقد نشأت هذه الجزر من البحر فكيف استطاعت هذه الأجناس أن تبلغها؟ لم تكن هناك أرض تصلها باليابسة قط!

النقطة الثانية الغريبة هي المدى الواسع الذي بلغه التطور في هذه الجزر. ما من بقعة محدودة في الأرض يمكنك أن ترى فيها كل هذا التباين بين الأنواع. لا يمكن أن تصدق أن مسافة قريبة نسبيًّا كهذه تفصل بين سلحفاة طويلة الأرجل وسلحفاة قصيرتها، وكلتا السلحفاتين من نفس النوع!

هناك ١٣ نوعًا من طائر الحسون نشأت من نوع واحد فقط، وبرغم هذا يصعب أن تصدق أنك تتكلم عن نفس الطائر. لقد أصيب «داروين» بذهول عندما رأى هذا الطائر.

أهم خطر تواجهه الجزر هو الأنواع المستقدمة إلى الجزيرة مع الوافدين مثل الخراف والخنازير والصراصير والفئران والدجاج والقطط والكلاب وبعض النباتات، فهذه تشوه البيئة وتخل بتوازنها. هناك ٧٠٠ نوع من النباتات دخلت الجزيرة مقابل ٥٠٠ موجودة أصلًا. الخنازير بالذات كارثة لأنها تهدم بيوت السلاحف و«الإجوانا» وتحرمها من الطعام وتتكاثر بلا توقف. الفئران التي تصل مع السفن تلتهم صغار «الإجوانا» حتى إن «الإجوانا» انقرضت في بعض الجزر.

إن «الجالاباجوس» كنز للطبيعة وللعلم، لكن هذا الكنز يفلت من أيدينا بسرعة.. لهذا تتخذ اليونسكو إجراءات صارمة للحد من هذا التدهور.

أما عن جورج العجوز فله قصة مؤسفة!

كما قلنا، كان القراصنة يخزنون السلاحف على سفنهم لأنها شحنة لحم جاهزة طازجة.. هكذا انقرضت السلاحف مع الوقت

فلم تبق سوى سلحفاة واحدة من هذا النوع.. سلحفاة واحدة عملاقة من ٣٠٠ ألف سلحفاة عاشت هناك يومًا ما.

أول لقاء للعالم مع جورج كان في جزيرة «بينتا» عام ١٩٧١. وكان جورج مختلفًا طبعًا عن السلاحف الأخرى كعادة «جالاباجوس»، لذا أطلقوا عليه اسم سلحفاة «البينتا» أو «كيلونويدس نيجرا» (chelonoidis nigra). قاموا بنقله إلى جزيرة «سانتا كروز»، واهتم به العالم كثيرًا لأنه آخر فرد من جنسه.. مثله مثل ذئب تسمانيا الأخير الذي انقرض في بداية القرن العشرين.

جورج الوحيد.. كل الناس تأتي لترى جورج الوحيد التعس.. آخر فرد في جنسه.. إنه مهم، لدرجة أن صورته موجودة على عملات الإكوادور الورقية.

فشلت محاولات تزويج جورج بإناث من أجناس أخرى.. لم يفقس البيض.

وهكذا صارت مهمة العالم العثور على عروس صالحة لجورج الوحيد... بل إن حكومة إكوادور رصدت مكافأة قريبة من المليون لمن يجد عروسًا مناسبة له.

لكن «مافيش نصيب»، وقد كُتب على جورج الوحيد أن يموت وحيدًا.

في يونيو ٢٠١٢ وجدوه ميتًا عن سن مائة عام. التشريح أثبت أنه مات بالشيخوخة. تم تحنيطه في الجزيرة التي عاش عليها ورثاه العالم بحرارة. بل إن رئيس الجمهورية نعاه للأمة في خطابه!

١٦٨

يقولون كان عنيدا

وكان يقول القصيدا

وراح يحاول شيئًا جديدا

ومات وخلَّف هذا الوجودا

كما كان قبلًا غبيًّا بليدا

ففيم العناء؟!

بعد وفاته بفترة نشرت جريدة «التلجراف» البريطانية تقول إن جزر «الجالاباجوس» عليها ١٧ سلحفاة متشابهة جينيًّا مع الفقيد جورج. ومعنى هذا أنه مات وحيدًا بلا داعٍ، فلو عاش قليلًا لاستطاعوا أن يجدوا له رفيقة.. لكنه كذلك ليس آخر سلحفاة «بينتا» على الأرض. هذه أشياء يقدر الكمبيوتر على معرفتها عندما يحلل الحمض النووي في ١٦٠٠ عينة.

ما زال جورج الوحيد قابلًا لأن يعود للحياة عن طريق الاستنساخ.. إن خلاياه موجودة، لكن لم يتم تجميدها في حياته. يقول الدكتور «رايدر» خبير الوراثة الأمريكي الذي يعمل في حديقة الحيوانات المجمدة في «سان دييجو»: «من السخرية أن جورج مات قبل أن نجمد خلاياه، لكننا نأمل أن نجد خلايا صالحة للتجميد في جثته».

بمجرد موت جورج طار وفد من العلماء إلى الإكوادور، وحفظوا الخلايا في النتروجين المجمد تمهيدًا لنقلها إلى الولايات.

يقوم العلماء اليوم باستنساخ سلالة من القطط اسمها «القطط ذات

القدم السوداء» لأنها مهددة بالانقراض. نفس الشيء يتم مع ثور بري اسمه «جور» وماعز جبال تدعى «بيرنيان إيبكس». هذا يعطي أملًا أن يتمكنوا يومًا ما من إعادة جورج للحياة عن طريق جيناته.

هي قصة غريبة تثير مشاعر متناقضة.

الشفقة على هذا الكائن البائس الذي عاش ومات وحيدًا.. الشعور بأنك تشبهه إلى حد ما.. الذهول من العالم الذي يموت فيه الأطفال جوعًا، لكن سلحفاة تنال كل هذا الاهتمام إلى درجة أن فريق علماء يطير إلى الإكوادور ليأخذ عينة منها! الانبهار بالتقدم العلمي المذهل! الدهشة من العالم المتحضر الذي يهتم بهذا الشكل بانقراض سلحفاة! ماذا لو انقرض العرب؟ هل يهتمون لهذا الحد؟ ثم السؤال الأخير المفجع: أين نحن من هذا كله؟

المتلصص

في العام ١٩٨٤ كنت طالبًا في كلية الطب، عندما شاهدت فيلم «ألعاب الحرب» الذي أخرجه «جون بادام»، وقام ببطولته «ماتيو برودريك».

لم يكن أحد في ذلك الوقت يعرف ما هو الكمبيوتر بالضبط.. كنا نراه فقط كدعابة في الأفلام، حيث يظهر شيء تدور فيه شرائط كشرائط التسجيل، وبه أنوار تضيء وتنطفئ، ويصدر عنه صوت آلي رتيب، والأبطال يسألونه مباشرة: «أين ذهب رضا بوند؟»، فيجيب. لم نكن نعرف سوى أن الكمبيوتر يختار أرقام الفائزين في شهادات الاستثمار، ويبدو أنه كان يضطهد أسرتي بالذات. هكذا بدا لنا الفيلم غريبًا ومرعبًا بالفعل.

كان الفيلم يحكي عن مراهق لامع يجيد فنون الكمبيوتر والتسلل إلى النظم بالهاتف.. يقوم بألعاب بسيطة مثل تغيير درجاته في المدرسة، ويتسلل إلى كل كمبيوتر في بلدته «ساني فيل» في كاليفورنيا.. هنا يكتشف كمبيوتر غامضًا يبدو أنه مزود بألعاب لا حصر لها.. ألعاب استراتيجية ممتعة ومتقدمة جدًّا.

ما لا يعرفه الفتى هو أن قيادة أمريكا الشمالية للدفاع في الفضاء في الجو، والتي يختصر اسمها بلفظة «NORAD»، قررت أن تسند مهمة بدء الحرب النووية إلى الكمبيوتر.. السبب هو أنه لا يوجد رجل يقبل أن يعطي أمر الهجوم الذري. هكذا تركوا للكمبيوتر اتخاذ القرار.

الحقيقة هي أن الكمبيوتر الذي يتسلل له الفتى هو بالضبط كمبيوتر «NORAD» المخيف. وبالمناسبة كان هذا الفيلم هو مبتكر تعبير «جدار النار» (firewall) الذي يدل على نظم حماية الكمبيوتر المتصل بالنت.

ينجح الفتى في تخمين كلمة السر ويستعملها، فيدخل إلى النظام. إنه منبهر لا يصدق كنز الألعاب الذي وجده. لعبة استراتيجية ممتعة تتيح له أن يلعب على أنه الاتحاد السوفيتي أمام الولايات المتحدة.. يبدأ في توجيه صواريخه النووية لأمريكا ويطلق الغواصات النووية لتحاصر سواحل الولايات.

هكذا يتخذ الكمبيوتر أهبته ويتهيأ لحماية أمريكا.. معنى هذا أن الحرب العالمية الثالثة ستبدأ حالًا. وما لا يدركه الفتى هو أن هذه ليست لعبة على الإطلاق.

يعرف الفتى الحقيقة متأخرًا جدًّا عندما تذيع نشرة الأخبار أنباء الهجوم السوفيتي. هكذا تصير أمامه مهمتان معقدتان: أن يوقف الهجوم الذي بدأه، وأن يفر من رجال مكتب الاستخبارات الفيدرالي الذين استطاعوا أن يحددوا عنوان الكمبيوتر المتسلل.

يجد الفتى المصمم الأصلي الذي صنع البرنامج ويحضره إلى قاعدة «نوراد»، حيث يحاول الرجل أن يوقف برنامج الذكاء الصناعي

الذي خلقه بلا جدوى.. ثم تخطر له فكرة أن يجعل الكمبيوتر يلعب لعبة «السيجة» مع نفسه.. وهذه تستهلك كل إمكانياته وترهقه.. ويتعلم الكمبيوتر أن يجرب كل سيناريوهات الحرب إلى أن يكتشف أن كل سيناريو يؤدي لكارثة.. الحركة الوحيدة الصحيحة في الحرب النووية هي ألا تلعب.. وهذه هي النصيحة التي يقدمها الفيلم لنا في نهايته.

فيلم مثير جدًا ويحبس الأنفاس بلا شك برغم أنه أنتج عام ١٩٨٣. الحقيقة أن الفيلم تنبأ مبكرًا جدًا بالخطر الناجم عن المتلصصين، في وقت لم يسمع فيه الكثيرون عن التلصص، ولم تكن هناك شبكة إنترنت.. لا تنسَ أنه قبل عام ١٩٩٣ لم يكن هناك مخلوق على كوكب الأرض يملك بريدًا إلكترونيًا.

عندما بدأت أدخل عالم الكمبيوتر والإنترنت في أواخر التسعينيات تعرضت لدعابة قاسية جدًا. هناك فتاة نجحت في اختراق بريدي الإلكتروني.. لا أعتقد أنها متلصصة محترفة، ولكنها على الأرجح خمنت السؤال الشخصي الخاص بي.. كنت أعتبر «الدار أمان» فأستعمل أسئلة تافهة وإجابات أتفه، على غرار «ما اسم ابنتك؟». أي شخص يعرفني يمكنه أن يجيب عن هذا السؤال ويفتح بريدي. ما حدث هو أن هذه المتسللة راحت تجيب عن بريدي بنفسها، وبالطبع عبثتْ كثيرًا جدًا.. غازلت فتيات وأعطتهن مواعيد للقاء (من الواضح أنها بارعة في الغزل جدًا)، وتذهب الفتيات لمكان اللقاء ليكتشفن أنهن أربع جالسات وقد شربن ذات المقلب، وهكذا تنهال عليَّ الشتائم من فتيات.. من شباب طلبوا مواعيد لندوات، إلخ. إن

من يستطيع استخدام بريدك الإلكتروني يسيطر على روحك تقريبًا. عندما عرفت الخدعة نشرت اعتذارًا عامًا ورحت ألاحق ما حدث من ضرر. قررت أن أؤمن نفسي ببلاغ في الشرطة، وذهبت إلى القسم لأحرر محضرًا بواقعة الاستيلاء على بريدي الإلكتروني. عرفت أنني لن أحصل على شيء عندما سألني الصول:

ـ هل وجدت آثار كسر أو تحطيم على صندوق البريد؟

ثم نصحني بأن أبلغ شرطة الإنترنت، وهي شرطة جديدة أنشئت في مدينتي. ذهبت هناك وحررت بلاغًا آخر. ووجدت أنهم لا يستوعبون المشكلة جيدًا.. لا بأس. لقد أثبت رسميًا أن هناك من يعبث من ورائي.. فلو قررت فتاة أن تشكوني، أو لو تلقى حسني مبارك (وقتها) خطاب تهديد مني فلسوف أبرز لهم رقم المحضر لأثبت أنني لست صاحب الخطاب.

أتذكر هذه القصة كلما تلقيت رسالة فيها صور عارية أو ألفاظ بذيئة من فتاة مهذبة خجول أو شاب ملتزم أعرفه.. بعد قليل يرسل/ ترسل لتخبرني أن هناك من سطا على بريدها.. «لا تصدق ما يصلك.. أنا لم أرسله». أقول له أو لها إنني أعرف هذه القصة لأني عشتها من قبل، وعلى كل حال لا يمكنك أن تحدد إن كان هذا متسللًا أم دودة كمبيوتر ترسل الخطابات دون علم صاحب الكمبيوتر.. النتيجة واحدة هي فترة من الحرج ثم غلق صندوق البريد الموبوء.

قابلت في حياتي متلصصين كثيرين، فعرفت قاعدة أكيدة: تسعون بالمائة من هؤلاء نصابون مدَّعون. الفتى يتلذذ بجو الغموض الذي يبعثه حول نفسه كأنه «نيو» في فيلم «ماتريكس». ثم تكتشف أنه نصاب

ولا يفقه شيئًا أكثر منك. كم من واحد يعرض خدماته عليك لفتح أي صندوق بريد لكنه يشترط أولًا أن تخبره بكلمة سر صندوقك! ولماذا لا يعرفه بنفسه ما دام بهذه البراعة؟

هناك من يهوون التلصص على صفحات الفتيات في «السايبر».. يجلس على شاشة الكمبيوتر اللاتي كن يستعملنها ونسين أن يخرجن منها. هذا نصاب آخر.

أما المتلصصون الحقيقيون الذين يشكلون ١٠٪ من المدَّعين، فهم خطر حقيقي. الصمت شعارهم ولا يعلنون عن أنفسهم ويمقتون الضوضاء. ثم هم يستعملون حزمة هائلة من البرامج وبعضها كتبوها بأنفسهم. هناك مجلات خاصة لهم، كتبت بلغات شفرية لا يستطيع قراءتها سواهم.

يستخدم المتلصصون برامج جاهزة مهمتها استكشاف الضعف في النظم المختلفة.. معرفة أماكن الاختراق عن طريق مسح المداخل «port scanning» التي تحاول جدران النار سدها في الظروف العادية.. هناك برامج تتشمم المعلومات الخارجة من الكمبيوتر كأنها كلاب، بحثًا عن أشياء مهمة مثل كلمات السر وسواها، واسمها (متشممة المعلومات ـ data sniffers) يوحي بذلك على كل حال.

هناك كذلك طريقة شهيرة جدًّا لمعرفة معلومات مهمة: المصيدة. تخيل أن يجد المرء نفسه في موقع «هوتميل»، والموقع يطالبه بكتابة كلمة السر.. سوف يكتبها بلا تردد، غير عالم أن هذا ليس موقع «هوتميل» بل نسخة مزيفة منه، وغير عالم أنه واقع تحت ما يدعى بهجمة المحاكاة (spoofing attack).. هذا يشبه قصة الجاسوسية

الشهيرة عندما خدر النازيون عميل المخابرات الأمريكية، ثم جعلوه يفيق وأقنعوه أنه في الولايات المتحدة في معسكر أمريكي وأن الحرب انتهت.. هكذا تكلم براحته جدًّا.

هناك كذلك برامج تتبع ضربات المفاتيح (key tracers) ومهمتها التجسس على أي مفاتيح يتم ضربها بالضبط، ثم يتم إرسال تقرير بها إلى عنوان بريدي.. غالبًا ما يكون المتلصص قادرًا على استعمال كمبيوتر الضحية. الكمبيوتر في شركة مثلًا هدف مناسب.. يمكن زرع هذا البرنامج على جهاز زميلك وهو في الحمام، وعندما يعود يكتب كلمات السر وكل ذلك.. وهذا كله يصل للعنوان البريدي المعين ليفحصه المتلصص على مهل.

الاسم الذي يبزغ كالنجم في عوالم التلصص هو رجل شهير جدًّا اسمه «ميتنيك». «كيفن ديفيد ميتنيك».

هذا الرجل مدمن.. ليس مدمن مخدرات بل مدمن اختراق شبكات، وكلما وعد بالتوبة عاد للتسلل مرة أخرى، ولهذا كان يتلقى علاجًا نفسيًّا في السجن. بدأ التلصص في سن مبكرة جدًّا هي الثانية عشرة، وقد خدع الحكومة الأمريكية بكل الأشكال الممكنة حتى في مجال ركوب المترو دون دفع الثمن ببطاقات صنعها بنفسه.

مع الوقت تحول إلى أسطورة شعبية، وصار كثيرون يتابعون نشاطه.. أولًا هو وسيم ويروق للفتيات.. ثانيًا أنت لا تستطيع النظر إلى مخترق نظم كما تنظر إلى لص يهبط على ماسورة بفرخة سرقها من على السطح.. هذه جريمة نبيلة ننظر لها بإجلال

برغم كل شيء.. فهو عبقري.. عبقري شرير طبعًا. النقطة الثالثة هي الولع الفوضوي الكامن لدى المجتمع الأمريكي بكل من يتحدى النظام. حتى «مانسون» السفاح الشهير وجد من يعلق صوره ويكتب له الأغاني.

فيما بعد حاول «ميتنيك» السطو على كمبيوتر «شيمومورا».. «شيمومورا» خبير أمن الشبكات والبرمجة واستشاري أمن القوات الجوية ومكتب التحقيقات الفيدرالي. وهو سطو لم يتم على كل حال لأن الخبير كان حذرًا.. لكن الأمر صار مسألة كرامة بين عبقريين.. بين خبيرَي اختراق شبكات لم يغفر أي منهما عبقرية الآخر.. وقد قرر «شيمومورا» أن يظفر بهذا الدخيل الجريء بأي ثمن.. هذه أحداث مثيرة تنتظر كاتب السيناريو الذي سيصنع منها فيلمًا رائعًا.. هناك قصة من الحرب العالمية الثانية تدور حول مبارزات كانت تتم كل غروب بين طيار ألماني عظيم وطيار أمريكي عظيم.. وقد تسلل إلى عواطف كلا الرجلين احترام شديد للآخر. أعتقد أن هذا ما حدث هنا.

أمكن تحديد مكان «ميتنيك» في شمال كاليفورنيا، وهو يستخدم شبكة هواتف محمولة للاختراق.. وبفضل مساعدة «شيمومورا» تمكن رجال مكتب التحقيقات من الوصول إلى «ميتنيك».

ومن الغريب بالنسبة للقانون الأمريكي أنه اعتقل بلا محاكمة عام ١٩٩٧. إن الحكومة الأمريكية تعتبره أخطر رجل في العالم، خاصة وهو قادر بمكالمة هاتفية واحدة على بدء الحرب العالمية الثالثة، وهو ذات السيناريو للفيلم الذي تكلمنا عنه. الحقيقة أنهم زعموا أنه قادر على بدء هذه الحرب لو صفَّر في هاتف عملة!

خرج «ميتنيك» من السجن تحت رقابة صارمة، ويدير اليوم مؤسسة لحماية نظم الكمبيوتر.. بالتأكيد ستكون حماية عالية الكفاءة؛ باعتبار أفضل من يصمم خزانة متينة هو لص الخزائن.

عالم التلصص عالم معقد منغلق على نفسه، وهو مادة خصبة لكُتاب نوع الخيال العلمي المسمى «سايبر بانك». وكما رأينا: هناك نجوم ساطعة في سمائه.

الحياة تتقدم وتزداد تعقيدًا، وأعتقد أنه في المرة القادمة عندما يسطو أحدهم على بريدي الإلكتروني سيفهم الصول المشكلة فورًا، ولن يسألني السؤال المضحك القديم: «هل وجدت آثار كسر أو تحطيم على صندوق البريد؟».

سيد القراصنة

عالم القرصنة على الأفلام معقد متشابك، وله قوانينه الخاصة، وقد كان سيد القراصنة بلا جدال رجلًا غامضًا يدعى «أكسو» (Axxo) أومن أن قصة حياته تصلح فيلمًا ممتازًا من طراز «السايبر بانك». ليس هذا المقال دعوة للقرصنة طبعًا، لأن صانعي الفيلم يجب أن يستردوا مالهم ويكسبوا ليصنعوا الفيلم التالي، لكني أحتفظ ببعض التحفظ بالنسبة للأفلام الغربية ودول العالم الثالث الفقيرة مثلنا. كيف يرى مخرجونا الشباب فيلمًا مكسيكيًا أو صينيًا أو صربيًا؟ لا توجد طريقة أخرى.

هذا حديث مسلٍّ عن لغز ممتع لم يحل قط. ربما كان هناك إنسان في العالم يعرف من هو «أكسو» ـ غير «أكسو» نفسه طبعًا ـ وهذا الشخص يعرف تفاصيل القصة كلها، وعلى الأرجح سيأخذ السر معه. أنت تعرف أن الأفلام تطرح في السوق على شكل أقراص رقمية (دي في دي)، ومن الصعب جدًا القرصنة عليها. كان لصوص الأفلام في ذلك الزمن يلجأون لطرق «بلدي» جدًا مثل تصوير الفيلم بكاميرا

خفية في قاعة السينما، ولهذا كنت تسمع تعليقات الجمهور أو تنهض سيدة بدينة لتمر أمام السفاح الذي يتسلل وحده في ظلام القبو، أو تقف أمام «ليوناردو دي كابريو» وهو يُقبِّل «كيت وينسلت». هناك من جربوا سرقة الـ«دي في دي» بنجاح يتفاوت. واحد فقط استطاع أن يسرق الفيلم على شكل ملف واحد عالي الجودة (صورة وصوتًا) حجمه ثابت وهو ٧٠٠ ميجا، وله امتداد «avi»، ثم يضعه على موقعه للتحميل مجانًا. هذا الرجل هو «أكسو» الذي سمع الناس عنه أول مرة عام ٢٠٠٥.

لا بد أن «أكسو» كان يعاني مرارة شديدة ضد صناعة السينما، لأنه كان يدمرها بنشاط وحماسة. ربما كان لديه هاجس يوحي له أنه «روبين هود» الذي يسلب الأثرياء ليمنح الفقراء، وعلى كل حال سرعان ما وجد كثيرين يعتبرونه كذلك. في فترة من الفترات كان ٣٣٪ من الملفات التي يتم تحميلها في مجتمع القرصنة هي ملفات «أكسو».

يصعب فهم لماذا يفعل ذلك. هل من أجل الشعور بالتفوق؟ كيف تشعر بالتفوق بينما لا أحد يعرف من أنت؟ هل للانتقام كما قلنا؟ ربما.. على كل حال كان من الواضح أن منتجين كثيرين كانوا يطلبون رأسه، ولربما أرسلوا وراءه قَتَلة مأجورين فعلًا. المؤكد أن الاستخبارات المركزية حاولت كثيرًا أن تعرف من هو.

من هو «أكسو» فعلًا؟

هناك ملف صغير يضعه دائمًا مع الملفات التي يسرقها وفيه خطأ في اللغة الإنجليزية يوحي بأنه لا يتكلم الإنجليزية كلغة أولى. قال

كثيرون إنه هندي أو صربي. على كل حال هناك كثيرون انتحلوا شخصيته طلبًا للشهرة، أو لجذبك إلى موقع يعج بالفيروسات. أحيانًا يرغمك الموقع على تحميل برنامج خاص لمشاهدة الفيلم، وطبعًا يحتوي الملف على أحد الفيروسات من خيول طروادة (Trojan horses).

توقف «أكسو» عن رفع أفلام جديدة عام ٢٠٠٩.. وقد أرسل رسالة اعتذار قصيرة لمحبيه. لا أحد يعرف أين هو اليوم. هل هو حي؟ هل هو خارج السجن؟ هل توقف نهائيًّا؟

مع الوقت تطورت سرقة الأفلام، وظهرت أفلام «البلو راي» وملفات «mp4» وصار «أكسو» تاريخًا، لكن أحدًا لا يستطيع نسيان هذا الاسم. إنه لص لكنه لص بارع.. لذا لا تستطيع معاملته نفس معاملة اللص الذي يضبط على ماسورة، وهو يحمل دجاجة سرقها من على السطح.

كأن «أكسو» كان نبيًّا لدين جديد، فقد كتب له أحد المحبين:

«أكسو» هو اسمك.. يا من تقبع في «مينينوفا». فلتأتِ ملفاتك ولسوف نتقاسمها.. وأبعدنا عن جمعية الأفلام الأمريكية، لأن سرقة الأفلام ورفعها والمجد لك أبد الآبدين!

في مصر لا تكن.. المهم أن تبدو

الآن مرت أعوام منذ كان ابني في الصف السادس الابتدائي،
عندما كتبت في جريدة شهيرة مبديًا الذهول والقرف الشديدين من
كتاب الكمبيوتر المقرر عليه. قد مرت أعوام أربعة، وابنتي في الصف
السادس الآن.. فلا بد أن الوزارة تداركت أخطاء الكتاب القاتلة،
ولا بد أن العلم تطور، ولا بد أن كل شيء صار رائعًا.

تعالي يا ابنتي نستذكر هذا الدرس معًا.. هاتي الكتاب.

هنا بدأت أدرك الحقيقة المرعبة: الكتاب لم يتغير فيه شيء.. حتى
لأكاد أسمع الشاويش عطية وهو يتأمل إسماعيل يس في شك، ثم
يقول وهو موشك على البكاء: «هو بعينه وغباوته وشكله الغلط!».
فقد عرفه عبر الأفلام وأدرك الكارثة القادمة.

الغلاف ـ ذات الغلاف ـ عليه عشرة أسماء كأنهم مخترعو
الكمبيوتر، أو كأن هذه أول ترجمة أمينة لـ«الأوديسة». على
الغلاف نكتشف أن الأستاذ مجدي حنين هو «Sinia inspector»،
وطبعًا «Sinia» هذه هي «Senior» كما سمعها الأخ الذي كتب

الغلاف فكتبها حرفيًّا على طريقة محلات العصير. أما الأستاذة نادية حجازي فتعمل «Concellar of the minister's»، هكذا.. مهنة لا نعرف ما هي، لكنها تخص شيئًا ما للوزير.. هل هي مستشار الوزير؟ إذن لماذا تضع حرف الملكية يا أخي؟ وما هذا الهجاء الغريب لكلمة «councilor»؟

إخراج الكتاب بدائي وقبيح جدًّا كأنه مخصص ليتلقى أولادنا درسهم الأول في القبح. الأخطاء لا تنتهي.. مثلًا هناك إصرار جهنمي على «row material» بدلًا من «raw material». أي المواد التجديفية لا المواد الخام.

تأمل هذه المعلومة:

الأقمار الصناعية تتجسس على أية أمة. وسائل الاتصال تنقل كل ما تريد من معلومات زائفة عن دولها. يتم التلصص على الأفكار والمعلومات، وليس بوسع أحد منعها. والغرض الرئيس هو الاقتصاد.

فهمت حاجة؟ أما أمثلة عيوب المعلومات فهي: الإنترنت – الاختراق. هل الإنترنت من عيوب المعلومات؟ وهل تتساوى بالاختراق؟ مثلًا هل يتساوى البرتقال بسرطان المثانة؟

مخاطر أجهزة الكمبيوتر عندما تتصل بالنت هي:

Dangers that personal computers have when join to the internet.

هل هناك حقًّا شيء اسمه «when join to»؟ هناك أربعة راجعوا وأربعة قاموا بالترجمة، ولا يمكن أن يخطئوا.. الحل الوحيد هو أنني أحمق. وهم يفاجئونني بتعبير عبقري آخر:

Lack of experience when dialing with some programs.

طبعًا يريدون قول «dealing».. عليك أن تكون عبقريًّا طيلة الوقت وتحاول استنتاج ما وقر في صدورهم. ثم هل هذا خطر يتعرض له الكمبيوتر أم هو نقطة ضعف تمهد لهذا الخطر؟ لا فارق، فالكلام لا معنى له، وليس سرًّا أن كل مدرسي الكمبيوتر للصف السادس يبدأون السنة بشتيمة الكتاب قليلًا والدعوة على مؤلفيه، ثم يعلنون: «دعوكم من هذا السخف، وسوف نكتفي بالنقاط التي ألخصها لكم».

أما عن اتقاء أخطار الإنترنت فله طريقة عبقرية:

Using programs to discover and erase these programs.

أي أننا سوف نستعمل برامج لمسح البرامج.. جميل جدًّا. ثم عليك كذلك أن تأخذ الحذر:

Taking care in receiving E-mail messages that contain enclosed.

بس كده.. لم يقل ما هو المغلف.. يعني خذ بالك من البريد الإلكتروني الذي يحوي «...» مغلفة.

When putting a program on the set from a site on the net.

هذه جملة تامة وليست مقتطعة. عندما تضع برنامجًا على الجهاز من موقع على النت... تعمل إيه؟ ليس من حقك أن تعرف فالجملة انتهت، وأنت مصري لا تستحق أكثر.

زهقت؟ تذكر أننا لم نتجاوز صفحة ١٤ بعد، بينما الكتاب ١٦٠ صفحة.

الآن نعرف ما هي الملكية الفكرية:

Mental property is protection private thinking of the program thing it made.

«الملكية الفكرية هي الحماية التفكير الفردي لشيء البرنامج الذي صنعه».

أي مدرس لغة إنجليزية سوف يسمم أولاده ثم يطلق الرصاص على رأسه لو قرأ هذه الجملة، وهذا الخلط الفاحش في الأفعال والأسماء. وما معنى «program thing it made»؟

إضافة جميلة أخرى هي «May by» بدلًا من «Maybe» الغبية التي يصر عليها الأجانب!

Internet is join amory many nets and base in most countries.

يبدو أن «Amory many» تعبير عبقري آخر لا أعرفه لأنني رجل طنطاوي.

أعتقد أنهم حذفوا أسماء الفيروسات العجيبة التي كانت في الكتاب القديم. كان هناك فيروس اسمه «trwada virus»، وهي الترجمة الحرفية لاسم «فيروس خيول طروادة».. فالسادة الخبراء لم يعرفوا أن طروادة ينسب لها في الإنجليزية بلفظة «تروجان» (Trojan)، وكلمة «تروجان» دخلت العربية ويستعملها الجميع ويعرفها أي طفل يلعب في نادٍ لألعاب الفيديو، ما عدا أربعة المترجمين الأعزاء الذين يترجمون على طريقة «دو يو سبيك لندن؟». فقط تخيل أن تنقش هذه الكلمات في صدر الأطفال، ويقف الفتى أمام العالم ليقول «طروادة فيراس».

هناك من سيقول لي إنها أخطاء غير قاتلة، و«لا تكن متحذلقًا»،

إلخ. لكن هل تجد هذه الأخطاء بسيطة فعلًا؟ إنها كافية لتجعل النص مستحيل الفهم. ثم ما نتيجة هذا الهراء والتفكك على عقول أطفالنا؟ إنهم يتنفسون تصميمًا فنيًّا رديئًا ولغة رديئة ومعلومات رديئة ومنطقًا رديئًا. وأنا أتكلم عن كتاب الكمبيوتر فقط، بينما لم أر الكوارث التي تنتظر في كتب اللغة العربية والتاريخ والعلوم. وكيف تمر أربعة أعوام والكتاب ما زال يحتفظ بذات الأخطاء؟

في مصر لا يهم أن تكون، بل أن تبدو.. تبدو مصرًّا على أن يلحق أولادك بالعصر، وأن يجتازوا الفجوة العلمية، وأن يصير الكمبيوتر في دمهم، لكن ما يحدث فعلًا هو هذا السخف. سبوبة للحصول على بعض المال دون جدية من أي نوع. نفس سياسة سد الخانات التي نعرفها جيدًا. والمهم أن يبدو الأطفال جميلي المنظر وهم يحملون كتب الكمبيوتر، كأننا في اليابان يا اخواتي!

أنت في مصر.. لا تكن.. المهم أن تبدو. والآن خذي الكتاب وابتعدي يا ابنتي.. أعترف بأنني لا أفهم شيئًا على الإطلاق، ولا أستطيع تقديم أي عون لك. لكن المهم أن أبدو لأمك كأنني أساعدك!

اختبار «رورشاخ»: ألعاب حواة أم علم محترم؟

من الأساليب التي انتشرت لفترة في التحليل النفسي أن يضع المحلل النفسي أمامك بطاقة عليها صورة لبقعة حبر، ثم يسألك عما تتصوره في هذا المشهد.. تجيب فلا يعلق وإنما يغمغم: «هم م م!»، ثم يضع درجة ما في مفكرته.

مشكلة الاختبارات النفسية التي تجدها في المجلات أنها موحية جدًّا.. مثلًا يقول السؤال: «تخلت عنك حبيبتك فماذا تفعل؟ أ) تلومها. ب) تذبحها وتصنع منها كفتة. ج) تتناسى الأمر». وعندما يكون عنوان الاختبار هو «هل لديك ميول دموية؟»، أو «هل أنت هادئ الأعصاب؟»، فإن الأمر يتحول إلى تهريج. لهذه الأسباب بالذات يحتفظ أبناء الكار بأسرار اختبار «رورشاخ» كأنها من أسرار الكهنوت حتى لا يحفظ المرضى الإجابات المثالية. يعتقد بعضهم أنها تخريف ويعتقد بعضهم أنها أداة عبقرية للتشخيص.

هناك عشر بقع حبر على عشر بطاقات ابتكرها «رورشاخ».. ويسمح «رورشاخ» للمحلل النفسي ببعض الإجابات على أسئلتك..

مثلًا لو سألته: هل يمكن أن أقلب البطاقة؟ لقال لك إنك حر، وأنت لا تعرف أن قلب البطاقة يعطيك درجات أعلى لأنه يظهر أنك ذو خيال خلاق. ترتيب البطاقات مقدس ويعتمد على أرقام على ظهر البطاقة يراها المحلل النفسي.. البطاقة الأولى تبدو كرأس ثعلب دائمًا.

ستلاحظ أن المحلل النفسي يمسك بساعة إيقاف يسجل بها زمن استجابتك، ويجلس خلفك وهذا كي يتخلص من «النصاحة» المعتادة لديك عندما تتأمل تعبيرات وجهه لتعرف إن كانت إجاباتك جيدة أم لا. يجب أن ترى شيئًا ما.. لو اعترفت بأنك لا تميز أي شيء، فلسوف يظن بك المحلل الظنون ويفترض أنك ـ والعياذ بالله ـ عصابي. لو ميزت بعض الأعضاء الجنسية في الشكل، فهذا طبيعي لأن كل بقعة «رورشاخ» بها شيء يذكر بالثدي أو المهبل أو العضو الذكري. نحن في جو تحليل نفسي «فرويدي»؛ لهذا لا بد أن يكون للجنس دور مهم جدًّا.. لكن لا تحاول أن تميز أكثر من أربعة أعضاء بين عشر البطاقات من فضلك وإلا شخَّصك الطبيب كمريض بالشيزوفرنيا.

سنعرض لك مثالين من هذه البقع وحاول أن تخمن ما تراه:

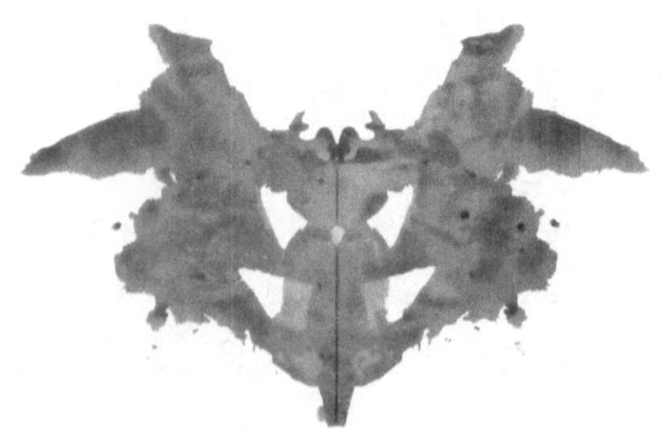

مثلًا هذه هي البقعة الأولى.. لأ.. بلاش الإجابات المصرية بتاعتنا مثل أن هذه بِركة مجارٍ، أو ساندوتش طعمية، أو أن هذه بقعة حبر، تلك الإجابات التي لو سمعها «رورشاخ» لانتحر أو راح يتسول جوار السيدة زينب.. المفترض أن يجيب الشخص العادي بأن هذه فراشة أو خفاش.. من يرَ أن هذا وجه ثعلب فقد يوحي بـ«البارانويا».. كل من يرى أنثى في الموضوع هو عدم المؤاخذة مريض عقليًا وعنده اضطرابات جنسية... بل ـ الأسوأ ـ يرى الأنثى الموجودة في داخله التي يحاول ألا يعترف بوجودها.

تعال نرَ هذه:

المفترض أن هذه البقعة تبين أداءك الجنسي لو كان موجودًا.. الرأي الأغلب أن هاتين فتاتان (لاحظ الصدر الأنثوي).. لو لم تحدد جنس ما تراه فسوف يطلب منك المحلل ذلك.. من يرَ أن هذين رجلان ـ سواء كان ذكرًا أو أنثى ـ فهو يحمل ميولًا شاذة نحو ذات

الجنس.. وقبل أن تنتحر حزنًا لأنك اكتشفت أنك كذلك برغم شاربيك اللذين يقف عليهما صقران، يجب أن تعرف أن الشكلين لهما عضو ذكري فعلًا مما يخدع الكثيرين.

على كل حال يرى محللون كثيرون أن اختبار «رورشاخ» قد انتهى عصره، وأن بقع الحبر هذه هي ببساطة مجرد بقع حبر بلا معنى.. ويقول باحث آخر إن هذه البقع لا تظهر نفسية أحد إلا المحلل الذي يقوم بتفسيرها.. إن ما يقوله المحلل مهم جدًّا لمعرفة نفسيته هو.

فتنة إنفلونزا الخنازير

في العام ٢٠٠٩، انتشرت إنفلونزا الخنازير في العالم كله، حتى توقع البعض أن يكون هذا وباء النهاية، وبدأت إجراءات شرسة في العالم وظهر لقاح المرض الذي سبب الكثير من الجدل. وكان هناك جدل حول السماح أو عدم السماح بالموالد... ثم السؤال الأخطر: هل نوقف الحج والعمرة لهذا العام؟ كنت وما زلت أعتبر هذا الوباء خطرًا مخيفًا يجب الوقاية منه باللقاح الذي ظهر وقتها، وقد زال الوباء المخيف برحمة الله ثم السلوك الغريب لساعة الأوبئة، والذي يحتاج لخبير أوبئة يفسره. قال الكثيرون إنها مؤامرة لترويج أسهم الشركات المنتجة للقاح وعقار «تاميفلو»، لكن من المستحيل أن أقول هذا، بينما مستشفيات الصدر والحميات تعج بمرضى إنفلونزا الخنازير ـ كما أثبتت تحاليل وزارة الصحة ـ وبعضهم يموت بفشل تنفسي، فهل موتهم نظرية مؤامرة كذلك؟ قررت أن أقدم لك سلسلة المقالات التي نشرتها في ذلك الوقت، وأترك لك الحكم.

امرح مع إنفلونزا الخنازير

(١)

إنها إنفلونزا الخنازير موضوع الساعة وكل ساعة.. يصر وزير التعليم على عدم تأجيل الدراسة أكثر، وهو يضع ثقة كبيرة جدًّا في الأربعين مليون جنيه التي سيدعم بها الصحة المدرسية، ويعلق ملصقات تذكرنا بملصقات الاتحاد الاشتراكي القديمة: رجل يَخرج بالون عملاق من فمه، ورجل آخر يسد أذنيه مع عبارة «الإشاعات تدمر المجتمع»، إلخ. فقط سوف يرسم الفنان كل هؤلاء يعطسون. ينوي الوزير كذلك أن يعطي الأولاد جرعة تعليمية مكثفة قبل أن يعم الوباء في الشتاء. ويؤكد: «ليس من حق أولياء الأمور المطالبة بمصاريف أولادهم التي دفعوها في المدارس الخاصة بالذات، بسبب الخوف من تفشي المرض». تم تأجيل الدراسة أسبوعًا لإعطاء الفرصة للحالات التي ستظهر لدى عودة المعتمرين، وهم يرون أن هذا وقت كافٍ، ورأيي المتواضع أنه غير كافٍ على الإطلاق،

١٩٢

وأعتقد أن الأهالي سوف يُحجمون عن إرسال أطفالهم للمدارس سواء أرادت الوزارة أو لم تُرِد.

من جهته أظهر الشيخ علي جمعة مفتي الجمهورية شجاعة لا شك فيها عندما قال: «لو انتشر فيروس إنفلونزا الخنازير بصورة كبيرة يتم وقف الحج فورًا، ويكون حرامًا على أي فرد الدخول أو الخروج من البلاد الموبوءة بالمرض». وأضاف: «حدث قبل ذلك أن عطلت مصر موسم الحج ٣٠ مرة على مدار تاريخها الإسلامي، سواء بسبب انتشار الأوبئة أو لوجود قُطَّاع طرق أو للغلاء». عالمًا بهذا أنه يستفز كل من يتحدثون عن مؤامرة الغرب والدولة لمنع الحج، ولسوف يتهمونه اتهامات جاهزة يحفظونها أفضل مني، لكنه ببساطة قال ما يؤمن بأنه صواب.

كالعادة ظهر الداء المصري الوبيل المعروف الذي يدفع المرء لاختيار مصلحته مهما تعارضت مع مصلحة المجتمع، فينتزع مسامير السفينة لبيعها. هذا الداء هو الذي يدفع الناس لتعاطي عقار «تاميفلو» بشكل فردي في بيوتهم وعلى سبيل الوقاية. برغم سعره الباهظ هناك من اشتراه للاحتياط، وهذا يهدد بأن يفقد فعاليته نهائيًا بعد قليل. تذكر أن عقار «أمانتادين» الرخيص نسبيًا كان فعالًا ضد إنفلونزا الطيور حتى قرر الصينيون استخدامه كعقار وقائي في مزارع الدجاج.. لم يطل الأمر حتى صار الفيروس يقاوم هذا العقار، وحذف «الأمانتادين» من ترسانة الأدوية المضادة لإنفلونزا الطيور للأبد. نرجو أن يظل «التاميفلو» باهظ الثمن فلا يشتريه الجميع وإلا لقي العقار نهايته على يد المصريين.

بدأت حرب الإشاعات والرسائل المتناقلة عبر الإنترنت مبكرًا جدًّا، حتى شعرت بدهشة لأن الوباء لم يكن معروفًا لنا قبل مايو الماضي، لكن فجأة صار الجميع عباقرة يعرفون خواصه، ومن الواضح أن هذا الوباء قد جلب الكثير من التسلية للناس.. موضوع فاروق حسني قد يشغلهم بعض الوقت، لكنهم بالتأكيد عائدون لإنفلونزا الخنازير. إما أن تصدق أننا في خطر داهم وترتجف ذعرًا وتقطع شرايين معصمك، وإما تعتبر هذه كلها مؤامرة مخصصة لزيادة مليارات «رامسفيلد» و«تشيني» وتطلق السباب. السؤال هو: من أين يأتون بهذه المعلومات الدقيقة، وكيف يتكلمون بهذه الثقة، بينما المواقع العلمية المحترمة لا تقول إلا أقل القليل؟ لكن المعلومات المتدفقة لم تتوقف بعد.

ما يمكن استنتاجه من خطابات الإنترنت ما يلي:

١ ـ الفيروس سهل القتل جدًّا وأمره هين بشدة.. كل شيء يقتله سواء كان البصل أو الليمون أو الينسون أو البيكربونات أو العجوة، وهو ليس مشكلة على الإطلاق حتى إن الدول المتقدمة لا تتعامل معه بهذه الهستيريا وهذا الذعر اللذين نتعامل بهما.

٢ ـ الفيروس خطير جدًّا.. سوف يقتل ٤٥٪ من سكان الكرة الأرضية في الشتاء القادم. كل الدول المتقدمة تدرك حجم المشكلة وتتعامل معها بعقلانية، لكننا لا نفهم.

٣ ـ لا يوجد ضرر من شرب الينسون الدافئ صباحًا للوقاية من إنفلونزا الخنازير، لكن دعني أؤكد لك أنني لم أجد أي موقع

علمي محترم يصف هذه الطريقة. جرب البحث في محرك «جوجل» عن إنفلونزا الخنازير مع الينسون واسمه العلمي «pimpinella anisum»، وقل لي هل يوجد شيء لم أجده أنا؟ ما هو موجود يكرر ما ذكره مصدر واحد غير طبي. لكن المواقع العربية تتحدث عن أن المكتشف عالم صيني، بينما المواقع الغربية تؤكد أن العلماء العرب هم من وجدوا هذا! هل يحوي الينسون كمية عالية من حمض «الشكميك» (shikimic acid) المكون الرئيس لـ«التاميفلو» فعلًا؟ وهل الينسون الذي نشربه هو نبات «star anise» الصيني ذاته؟ لاحظ أن سبب ارتفاع ثمن عقار «تاميفلو» هو ندرة هذا النبات الذي لا يزرع إلا في أربع محافظات صينية، فهل الحل بهذه البساطة؟ على الأرجح هي تخريفة كبيرة، لكن لا ضرر منها على الأقل. أنا شخصيًّا سأنفذ هذه النصيحة مع أولادي قبل ذهابهم لميدان الحرب البيولوجية الذي سيرسلونهم له في ٣ أكتوبر، لأنها تحوي منطقًا علميًّا حتى لو كان واهيًا.

٤ ـ رسالة أخرى منسوبة لطبيب مهم ـ مصري في بعض الرسائل وسعودي في بعضها ـ تؤكد أن الوقاية من إنفلونزا الخنازير سهلة باستعمال ملعقة صغيرة من مادة بيكربونات الصوديوم المذابة في الماء قبل الخروج إلى الأماكن المزدحمة، إذ تساعد هذه المادة في ارتفاع قلوية الدم؛ وبذلك يصبح وسطًا غير مناسب لتكاثر فيروسات الإنفلونزا. ويجري تجربة مبهرة جدًّا يعرفها أي تلميذ في تالتة ابتدائي حيث يكتشف أن لون

عبَّاد الشمس («تبَّاع الشمس» حسب الخطاب لأن عبادة الشمس حرام) يصفر في الوسط الحمضي. ألعاب الحواة الساذجة هذه تبهر كاتب المقال جدًّا.. ويكتشف أن علينا التقليل من تناول الأغذية التي تؤدي إلى زيادة حموضة الدم مثل اللحوم الحمراء والدواجن ومنتجات الألبان والسكر والشاي الأحمر والقهوة واستبدال قهوة الشعير بالقهوة، والشاي الأخضر بالأحمر. كل نصيحة تتضمن الابتعاد عن الشاي والقهوة واللحوم الحمراء تبدو صحيحة محببة للأذن مهما كانت قيمتها. لكن أي طبيب يعرف أن الرقم الهيدروجيني للدم ثابت وأن ارتفاعه ليصل للقلوية يقترب بالمرء من الموت، والجسم يعادل تغيرات الرقم الهيدروجيني بكفاءة بالغة بحيث لن تؤثر ملعقة بيكربونات أبدًا. كل ما سيحدث هو أن المرء سيشعر براحة لو كان يعاني حموضة بالمعدة. ثم متى جربوا هذا كله؟ هل سمعت عن طبيب مصري تعاطى البيكربونات ثم راح يتنفس الهواء الذي يتنفسه مرضى إنفلونزا الخنازير ليرى هل يقاوم المرض أم لا؟ كما ترى هو نوع من طب المصاطب الذي لا يستند على أي شيء، وهو فرع الطب الذي شرفنا بإضافته للعلم، وبرغم أنني طبيب فإنني أعترف بخجل أن هناك مجانين في هذه المهنة. ليسوا أكثر من سواهم في مهن أخرى، لكن المخيف أنهم يبدون مقنعين للعامة.

٥ ـ اللقاح خطر داهم.. هذه نقطة يجب التوقف عندها. بالطبع

لم تُجْرَ على اللقاح تجارب كافية بسبب ضيق الوقت، ولهذا كان على الشركات المنتجة له أن تؤمِّن نفسها حتى لا تفلسها التعويضات، والسبب هو أن لقاحًا سابقًا سبَّب مرض «جيَّان باريه» في الغرب عام ١٩٧٦. هذا مرض مناعي يؤدي لتدمير الأعصاب الطرفية كنوع من الحساسية لفيروس أو بروتين دخيل. لهذا تطلب الشركات إقرارات بإخلاء مسؤوليتها من أية آثار جانبية للقاح، وهو نفس ما فعلته وزارة الصحة مع الحجاج.

هناك عشرون خطابًا وصلتني بصدد التحذير من اللقاح هذا، ومن الواضح أن النية انعقدت على ألا يأخذه أحد.

(٢)

تنهمر المقترحات على بريدي طيلة اليوم، وخاصة ذلك الخطاب الشهير الذي يحذر من اللقاح بأي صورة لأن فيه سمًّا قاتلًا. هناك خطابات تؤكد على أن الوقاية تتلخص في سبع تمرات من تمر المدينة والحبة السوداء والعسل.. ومن جديد أكرر أن هذه الطريقة في التعامل مع الدين خطرة جدًّا، وإلا فبماذا سترد على من واظب على نصائحك هذه وأصيب بإنفلونزا الخنازير برغم ذلك؟ يقول أحد المنتديات:

إن الأطباء والباحثين لم يتركوا مرضًا من الأمراض إلا وجربوا العسل في الشفاء منه، وقد أسفرت تجاربهم وأبحاثهم في مجال علاج الأمراض أن العسل يشفي من

١٩٧

جميع الأمراض بإذن الله... ورغم كل المميزات التي يتمتع بها العسل وقيمته الغذائية فما زال قليل الاستعمال في المستشفيات. ويعتبر ذلك تقصيرًا من الأطباء الذين يركضون وراء كل اكتشافات كيميائية وأمامهم وتحت أنظارهم حقيقة ساطعة لا لبس فيها ولا غموض بأن العسل شفاء للناس.

قمت بتصحيح الأخطاء اللغوية على غرار «ذالك» و«كميائة» و«يعتبر تقصير». العسل مفيد قطعًا وفيه شفاء للناس؛ لكنه ليس شافيًا لكل الأمراض كما تقول بهذه الثقة، ولا يوجد شيء يشفي كل الأمراض على وجه البسيطة، ومن جديد أكرر أنه لا يجب إقحام الدين في مجال علوم دنيوية تتبدل وتتغير، وما فعله الجراح الذي كان يصب العسل في شرج المريض المصاب بسرطان المستقيم هو أنه التزم حرفيًا بهذا الكلام حتى مات المريض، لكن الإجابة جاهزة لديه: «العسل مغشوش مش قطف أول»! وفي النهاية تترك هذه الطريقة علامات استفهام لدى من لم يُشفَ.

أما عن خطاب اللقاح الذي وصلني ألف مرة من ألف واحد تقريبًا فله وقفة. هذه حملة إرعاب ناجحة جدًّا، وقد أحدثت مردودًا هائلًا يفوق أي خطاب تم تبادله من قبل منذ اختراع الإنترنت، ومن الواضح أن أحدًا لن يتعاطى هذا اللقاح بالتأكيد، فلو كنت أومن بنظرية المؤامرة لقلت إنها خطة محكمة ذكية للتقليل من المطالبين بأخذ اللقاح.. بهذه الطريقة يصعب أن تجد من يقبل التطعيم.

يبدو لي أن معظم هذه الخطابات قادمة من مصدر واحد، وهناك فيلم فيديو على موقع «يوتيوب» يقول نفس الكلام. مشكلة

الحيرة «الهاملتية» هذه عالمية وليست مقصورة على الدول العربية. الحقيقة التي لا يجب أن ننكرها هي أن أحدًا لا يعرف الكثير عن هذه اللقاحات.. لا نعرف الكثير عن نفعها ولا ضررها، لهذا لا أصدق كثيرًا من يقول إن اللقاح «ما حصلش»، ومن يقول إنه قاتل. الأخطاء تحدث طبعًا وحتى «كوخ» العظيم نفسه ابتكر لقاحًا قتل آلاف الأطفال وكانت كارثة (الحادثة موثقة في كتاب «صائدو الميكروبات»)، لكن التقدم العلمي والهندسة البيولوجية جعلا هذه الأخطاء قليلة جدًا، لكن لا بد للشركات أن تحمي نفسها من تعويضات قد تبلغ المليارات.. هكذا تضطر إلى أخذ ضمانات قانونية تخلي مسؤوليتها عن أية آثار جانبية، وهذا يزيد الطين بلة.. فلا أحد يوقع على إقرار بعدم مسؤولية الشركة ثم يحقن ابنه بلقاحها.

هناك المقال الشهير الذي كتبته مَن تُدعى «سارة ستون» مع صحفيين علميين، وفيه تتحدث عن مؤامرة نازية مخبولة جديرة بأفلام «جيمس بوند»، تهدف لتقسيم البشرية إلى متخلفين عقليًا وأذكياء. هي تؤمن أن الفيروس تم تركيبه في المختبر لأنه خليط من الفيروس الوبائي الذي انتشر عام ١٩١٨ بالإضافة إلى جينات من فيروس إنفلونزا الطيور (H5N1)، وأخرى من سلالتين جديدتين لفيروس «H3N2». لا أعرف أي دليل في هذا. منذ ظهرت إنفلونزا الطيور ونحن نتحدث عن خلط جيني سيتم داخل الخنزير، وتوقع كل علماء الوبائيات أن ساعة الوباء تدق وقد حان وقت الجائحة (pandemic).. فما الجديد إذن؟ احتمال التخليق معمليًا وارد طبعًا، لكن لماذا لم يصمموا فيروسًا أشد فتكًا إذن؟ هناك قائمة طويلة من

الأسماء المتهمة على رأسها شركة «باكستر» التي تلعب دور شرير الفيلم هنا.

اكتشفت سارة أن اللقاح يحتوي مادة «السكوالين» كعامل مساعد (adjuvant). كل اللقاحات تحتوي على عامل مساعد يسهل تقديم المُسْتَضد للخلايا المناعية. تقول:

> سوف يُكوِّن الجسم أجسامًا مضادة ضد «السكوالين»، من ثَمَّ يدمر نفسه بنفسه. وعندما تتم برمجة الجهاز المناعي لمهاجمة «السكوالين» فإن ذلك يسفر عن العديد من الأمراض العصبية والعضلية المستعصية والمزمنة التي يمكن أن تتراوح بين تدني مستوى الفكر والعقل ومرض التوحد واضطرابات أكثر خطورة مثل متلازمة «لو جيريج» (Lou Gehrig’s) وأمراض المناعة الذاتية العامة.

«لو جيريج» لاعب بيزبول أمريكي أصيب بتدهور غامض، وشخَّصته «مايو كلينيك» كنوع متقدم من التصلب الجانبي. الأدهى أن هذه الأعراض تظهر بعد عام (يعني أنت لن تستفيد شيئًا لو جربت اللقاح في زوجتك أولًا). وتؤكد سارة أن جزءًا كبيرًا مما يسمى «متلازمة حرب الخليج» يعود للقاح الجمرة الخبيثة الذي احتوى هذه المادة. إذن اللقاح سوف يشل نصف البشرية ويصيب نصفها الآخر بتخلف عقلي وسيصاب ٨٠٪ بالعقم. هناك كذلك الكثير من الزئبق الذي يؤدي إلى مرض التوحد (autism). أثار إعجابي أنها لم تضف السرطان للقائمة كما يفعل الجميع. ثم تقول سارة:

إن ما يثير الريبة هو تهويل المنظمة من شأن الفيروس الذي قتل قرابة ٥٠٠ شخص فقط في العالم منذ إطلاقه من قِبل مُصنعيه.

ما هذه الأرقام الغريبة؟ المرض قتل ٤١٠٠ في العالم حتى ٣ أكتوبر ٢٠٠٩. هل كتب هذا المقال في يونيو إذن؟ إذن كان اللقاح في علم الغيب وقتها. ثم لو كان الفيروس مخلقًا في المختبر وبه كل هذه الجينات كما تقولين، فلماذا هو لطيف مسالم لهذا الحد؟ كلام متناقض. ثم الإنذار الأهم:

إذا رأيت شريط فيديو لشخصيات كبرى يأخذون تطعيماتهم، ضع في الاعتبار أنه ليست كل الجرعات مماثلة!

هذا ما قالته «سارة ستون»، وهو يعني أن اللقاح أخطر شيء عرفته البشرية منذ القنبلة الذرية.. هناك كذلك الصحفية النمساوية «يان بيرجرمايستر» التي أعلنت أن ما يعرف بفيروس إنفلونزا الخنازير ما هو إلا مؤامرة يقودها سياسيون ورجال مال وشركات لصناعة الأدوية في الولايات المتحدة الأمريكية. واتهمت منظمة الصحة العالمية، وهيئة الأمم المتحدة، والرئيس الأمريكي «باراك أوباما»، ومجموعة اللوبي اليهودي المسيطر على أكبر البنوك العالمية بالتحضير لارتكاب إبادة جماعية وذلك في شكوى أودعتها لدى مكتب التحقيقات الفيدرالي الأمريكي (إف بي آي). تعودت على كل حال أن من يتهم الجميع بهذه الطريقة غير متزن على الأرجح. وهذا يشبه المريض الذي يشكو من المفاصل والقلب وسوء الهضم والصداع وآلام

العينين وصعوبة البلع معًا.. غالبًا تترجم هذه الأعراض الكثيرة بأن عقله ليس على ما يرام.

(٣)

انتظرت في شغف البرنامج الذي يقدمه الإعلامي أحمد منصور على قناة الجزيرة، بعدما عرفت أنهم سيلتقون مع خبير أمريكي في الأمراض المعدية اسمه «ليونارد هوروفيتز» للكلام عن إنفلونزا الخنازير. هذا رجل خواجة وبالتأكيد كلامه صح. خلال خمس دقائق كان الرجل قد ألقى قنابله كلها حتى ملأ الدخان شقتي: «إنفلونزا الخنازير فيروس مُصنَّع بالكامل كما سبق تصنيع الإيدز والإيبولا... منظمة الصحة العالمية تقع بالكامل تحت سيطرة المؤسسات المالية الكبرى وتأتمر بأمرها... اللقاح قاتل وهو الذي سبب متلازمة حرب الخليج وأنا آمركم بألا تأخذوه... بعض الليمون يقضي على الفيروس بلا شك».. ثم هو شهيد أيضًا: «لا أبالي حتى لو قتلوني»..

قال الرجل باختصار كل ما يقال في الخطابات البريدية التي يصلني عشرون منها كل يوم، مع ذات الأسئلة المحيرة: متى عرفوا كل هذا عن آثار اللقاح الجانبية؟ كيف يسهر العلماء الأشرار في مختبرات الحرب البيولوجية لصنع فيروس رهيب يدمر البشرية ثم يقضي عليه الليمون؟ ما داموا قادرين على صنع الإيبولا فلماذا لم يكرروا هذا؟ أكره جدًّا العبارات التي تناقض نفسها في نهاياتها.

ظللت أستمع في احترام.. بدأ الاحترام يتحول لعدم ارتياح..

٢٠٢

عدم الارتياح تحول إلى شك صريح.. الشك تحول إلى سخرية.. هذا الرجل آتٍ من عالم الحكومات الخفية وأحجار على رقعة الشطرنج ومنظمة النورانية وملفات إكس والمسيخ الدجال الذي أسقط برجَي «مانهاتن» وظهرت صورته في الدخان.. لا شك في هذا.. هذه مواضيع شائقة جدًّا، وأنا شخصيًّا أستعملها في قصصي كثيرًا، لكن يجب أن يكون هناك فارق بين الخيال القصصي وبين كلام علمي مسؤول يذاع على الملأ.

لكن كيف؟

بحثت عن الرجل على شبكة الإنترنت، فعرفت أنه شهير جدًّا هناك.. شهير بنظرية المؤامرة، وله كتب كثيرة عنها، وقد زعم أنه اكتشف علاج مرض «السارس» وأثبتت الـ«FDA» أنه كذاب، واكتشف علاج سرطان الجلد بالمُلينات كذلك! إنه يهودي وطبيب أسنان سابق لا علاقة له بالمختبرات ولا الهندسة الوراثية ولا البيولوجيا الجزيئية، ولم ينشر ورقة علمية واحدة خارج طب الأسنان. برغم هذا هو يُدلي بثقة برأيه في كل شيء، وعرف ما لم يعرفه كل علماء الأرض. تقول موسوعة «ويكيبيديا» إن الرجل تخصص في سيناريوهات نهاية العالم، وفي اتهام الحكومة الأمريكية بالتآمر الطبي. في كُتبه يعتبر أن شركتَي «جلاكسو سميث كلاين» و«نوفارتس» تابعتان للحكومة الأمريكية، مهمتهما القضاء على نصف البشرية، وهو ضد اللقاحات بشكل عام، حتى توفي صبي أمريكي لأن أبويه لم يعطياه لقاح السعال الديكي لأنهما مؤمنان بالطب الطبيعي الذي يدعو له «هوروفيتز»! أنشأ في هاواي منتجعًا للمياه المعدنية قامت الحكومة بإغلاقه لأنه

مخالف للشروط الصحية. نظرياته تدور غالبًا حول محاولة البيض للقضاء على السود؛ لهذا نال حظوة هائلة لدى جماعة «أمة الإسلام» الأمريكية. والأهم أنه يعتبر نفسه مسيحًا يهوديًّا جديدًا. باختصار: الرجل مجنون كقملة، ويحتاج للعلاج، فلماذا تفرضه علينا ساعة كاملة يا عم أحمد يا منصور وتخبرنا أن ما يقوله هو الحقائق؟ أنت تحضِّر الدرس جيدًا ولا يمكن أن تكون جاهلًا أبدًا، بالتالي أنت تعرف حقيقته فلماذا لم تخبرنا بباقي التفاصيل؟ ولماذا تستضيف طبيب أسنان أمريكيًّا، ولم تستضف خبيرًا من هيئة «CDC» أو منظمة الصحة العالمية.. رجلًا يعرف ما يتكلم عنه؟

أعتقد أنني أعرف الإجابة. الإجابة هي أن نظرية المؤامرة مغرية جدًّا وتعد بحلقة ممتعة، وتناسب ما يريد الناس سماعه: إنهم يحاولون خداعنا لكننا لن نُخدع. الجميع يريدون سماع أن هناك مؤامرة قذرة، ولسوف تخيب أملهم لو قلت إن اللقاح آمن ويجب تعاطيه. جزء كبير من هذا يعود لرغبة أحمد منصور شخصيًّا في أن يكشف عن مؤامرة.

أذكر حلقة أحمد منصور القديمة التي استضاف فيها عالمًا سوريًّا هو أحد خبراء منظمة الصحة العالمية المهمين، للكلام عن إنفلونزا الطيور، وكانت مهمة الضيف محددة سلفًا: أن يتهم الحكومة المصرية بالتقصير، وأن يؤكد أن إنفلونزا الطيور إشاعة مختلقة لمصلحة كبار المستوردين، لكن الضيف كان يرى بعناد أن الحكومة المصرية تصرفت بحكمة ـ في هذا الموضوع بالذات وربما فيه فقط ـ وفي النهاية تحت الإلحاح قال لأحمد منصور:

«أنت لا تريد الحقيقة يا أحمد.. بل تريد من يهاجم الحكومة». احتد منصور ورد في عصبية أنه لا يسمح له بذلك، وانتهت الحلقة قبل موعدها بربع ساعة كاملة.

لم تتوخَّ قناة الجزيرة الدقة في اختيار ضيفها هذه المرة؛ فهو مجرد مشعوذ مثل الذين يملأون الفضائيات ويتحدثون عن البردقوش.. فقط هو يتكلم بالإنجليزية، وبالتالي لم تكن أمينة في الرسالة التي تصل للناس. والسؤال هنا: هل يتحمل ضميرهم ذنب من لن يتلقى اللقاح بكامل إرادته، وقد يتعرض للموت؟ هل تتحمل ضمائرهم مسؤولية انتشار المرض وفتكه بالملايين مثل وباء ١٩١٨؟ وماذا عن حملة التحذير البريدي الجشعة؟ هل هي مجرد صدفة؟ يخيل لي أحيانًا أن هناك مؤامرة لكن بالعكس، بمعنى تقليل سكان الكرة الأرضية ليس عن طريق تعاطي اللقاح بل عن طريق عدم تعاطيه. وهي حملة ناجحة جدًّا.. أشك في أن يتعاطى أي عربي اللقاح بكامل إرادته اليوم، وليس سرًّا أن من ينوون الحج يفتشون الآن عن جهة تعطيهم شهادة مزورة تثبت أنهم أخذوا اللقاح.

كما قلنا في المقال السابق، يتركز الخوف الرئيس من اللقاح حول احتوائه مادة «السكوالين» كمساعد (adjuvant) للقاح. حقن «السكوالين» الخارجي كما يؤكدون سوف يدفع الجسم لتكوين أجسام مضادة ضد «السكوالين» الداخلي، وهذا يؤدي لسلسلة أمراض كلها لن تظهر قبل سنة، فلا تقل: «إن جاري لم يصب بسوء بعد أخذ اللقاح منذ شهر». يتهمون «السكوالين» بأنه سبب متلازمة حرب الخليج لدى من تلقوا لقاح «الأنثراكس»، برغم أن الـ«CDC»

أثبتت أن اللقاح خالٍ منه. أما عن مرض «جيَّان باريه» فلم يكن ظاهرة في لقاحات السبعينيات.. مجرد تفاعل حساسية وارد جدًّا.. تذكر أن قرص «الأسبيرين» قد يكون قاتلًا مع مرضى معينين.

عامة هناك حملة من الرفض المجنون للقاحات الإجبارية عند الأمريكيين غير الأطباء، باعتبارها تقحم أشياء صناعية على الجهاز المناعي، وتعتدي على حريتك في الاختيار. يقولون إن الأمراض التي يتلقى الطفل اللقاح ضدها صارت نادرة أصلًا، وهو تفكير شديد الغباء.. لقد صارت نادرة بسبب اللقاح طبعًا يا حمقى، ويكفي أن يتوقف الناس عن استعمال لقاح شلل الأطفال لبضعة أعوام ويروا النتيجة!

يرى بعض أصحاب نظرية المؤامرة أن القصة كلها قصة خيال علمي سخيفة، والحقيقة أن قصتهم أسخف عندما يفترضون خلق وباء بهدف تلقيح البشرية بلقاح قاتل.. ألا تشعر بأنها من حبكات «الملفات أكس» و«روبين كوك»؟

ها هي ذي الـ«CDC» تؤكد من جديد أن إنفلونزا الخنازير مرض خطير وقد يكون قاتلًا، وتعلن أن اللقاح الذي يؤخذ بالأنف صار متوافرًا، ولسوف يبدأ طرح اللقاح الذي يحقن، وكل تجارب اللقاح أثبتت أنه آمن تمامًا، ويتوقعون أن ينتجوا ٢٠ مليون جرعة كل أسبوع قرب نهاية العام. برغم هذا نحو ٣٠-٥٠٪ من المرضى والآباء هناك قلقون وقد يمتنعون عن إعطاء اللقاح. المركز يؤكد أن لقاح الإنفلونزا مركب بذات المكونات التي ركب منها اللقاح القديم الموسمي الذي يتزاحم الناس على أخذه في المكاتب الصحية. نفس المكونات ونفس الصانع فما الذي استجد كخطر؟

عن نفسي سوف آخذ اللقاح لو عُرض عليَّ، وأعطيه لأولادي، وأشكر الله على أنني لست من البؤساء الذين أصيبوا بالإنفلونزا عام ١٩١٨ قبل أن يبلغ العلم هذه الدرجة من التقدم، وأحمده على نعمة العقل البشري التي لولاها لهلك نصفنا مع أول التهاب لوزتين أو إصابة بالجديري في طفولتنا. فإذا مت خلال عام فلأن عمري كده وليس لأن كل قوى الشر ومنظمة الصحة العالمية تحالفوا لخداعي.

تعرف ما سيحدث؟

أنت تعرف ما سيحدث لو تفشى وباء إنفلونزا الخنازير أكثر من هذا في مصر؟ الالتزام بالتعليمات الصحية.. عندما ترى بناية حديثة، وقد علقت جوار المصعد في كل طابق ورقة تتوسل للسكان كي يدفعوا رسوم الصيانة، وهي غالبًا عشرون جنيهًا في الشهر، يُفترض أن يدفعها من دفع نحو المليون ثمنًا لشقته. وهكذا يتلف المصعد وتملأ القذارة الممرات ويتعطل موتور المياه، وتتحول البناية إلى خراب ينعق فيه البوم. عندما ترى هذا يصعب عليك أن تصدق أن الناس يمكن أن تسلك اليوم مسلكًا حضاريًّا يقتضيه العقل والمصلحة العامة.

أنت تعرف ما سيحدث في المستشفيات؟ طبيب صدر من أصدقائي فحص بعض المرضى وتخلص من القناع في القمامة، فزجرته الممرضة قائلة إن هذه الأقنعة يتم جمعها في نهاية اليوم للاستعمال ثانية! وأدرك في هلع أنه وضع على أنفه قناعًا تنفس فيه العشرات من قبله. كنت عائدًا من الخارج فاستوقفتني ممرضة تعسة

مرهقة تقف وراء دكة، وعلى أنفها قناع متسخ ملوث بإفرازات أنفها، لتدس ترمومترًا في أذني لربع ثانية ثم تقول:

ـ أنت كويس. عدِّي!

قلت لنفسي إن هذه الممرضة التعسة هي الحاجز الذي يصد الوباء عن مصر إذن.. فكيف أطمئن؟ لقد تقدمت طرق فحص القادمين نوعًا، لكن طريقة التفكير هي ما يقلقني.

برغم الدلائل المخيفة والعلامات المقلقة، يصر وزير التربية والتعليم بعناد اعتادته الحكومة على أن الدراسة ستبدأ في موعدها شاء من شاء وأبى من أبى، وبرغم توسلات ورجاء المواطنين، وتذكيرهم له أن العملية التعليمية لا لزوم لها أصلًا و«مش فارقة». نحن نعرف الكارثة التي ستحدث في المدارس، حيث لا تهوية ولا إضاءة ولا شيء، وعندما يموت الطفل المائة سوف يقولون: «فعلًا.. كان من الواجب أن نؤجل الدراسة قليلًا».. لكن تصريحات الرئيس مبارك مؤخرًا توحي باهتمامه بالموضوع، ما يدل على أن سيناريو «الرئيس ينقذنا من تعنت وزرائه» سوف يتكرر هذه المرة غالبًا. وبالفعل تم تأجيل الدراسة أسبوعًا أعتقد أنه قابل للتمديد. لكن المشكلة الحقيقية هي الدروس الخصوصية.. يجب ألا ننسى أن كل مدرس قد افتتح مدرسة في بيته، وعدد الطلاب في المجموعة الواحدة لا يقل عن أربعين لدى البعض.

المشكلة هي أنك لا تتبين الحقيقة أبدًا بين حكومة تكذب دومًا وأقارب مريض ينكرون كل شيء، ويتهمون الحكومة طيلة الوقت. المهم الصراخ والتشكيك.. كانت مصر خالية من إنفلونزا الطيور

بشهادة منظمة الصحة العالمية، فكتبت كل الصحف المعارضة والمستقلة عن الحكومة التي تتكتم وعن القرى الكاملة المحاصرة التي تموت بإنفلونزا الطيور. بعد هذا بأشهر غزت إنفلونزا الطيور مصر، فخرجت صحف المعارضة تؤكد أن الوباء لا وجود له ووهم كبير، وخرجت مظاهرات أصحاب مزارع الدجاج يلوحون باللافتة الشهيرة: «لمصلحة من؟».

يقول زوج أول ضحية توفيت بإنفلونزا الخنازير في مصر إن زوجته لم تصب بهذا المرض ولم تعانِ من أمراض أو أزمات قلبية على مدار السنوات الثلاث الأخيرة. هذا كلام يناقض نفسه، فالرجل يؤكد لنا أن زوجته لم تصب بإنفلونزا الخنازير، لكنه في الوقت نفسه ينفي عنها أي مرض آخر.. إذن كيف توفيت؟ اتهم الزوج وزارة الصحة بفبركة مرض زوجته، سعيًا لإلغاء موسم الحج والعمرة هذا العام. والسؤال هنا: ماذا تستفيده وزارة الصحة من إلغاء موسم الحج؟ هل هم مجموعة من كفرة قريش؟

هنا يأتي التفسير في نظرية المؤامرة الشهيرة.. في نفس الصفحة يرد أحد القراء:

نمى إلى علمنا... (علم مَن بالضبط؟ من أنتم؟) أن الدول العلمانية تود أن تحتكر أو تحاول جمع أموال المسلمين التي سوف تصل للمملكة العربية السعودية عن طريق الحج والعمرة، وذلك لسد بعض الفائض المهدور من أموالها ومحاولة لإنقاذ الحالة الاقتصادية العالمية، وذلك بحجب الأموال عن الحج والعمرة بسبب التغطية الإعلامية لفيروسات وهمية الكينونة.

عامة دون أن أطيل: الفيروس ممكن القضاء عليه
بالبصل والليمون، أما باقي الفائض العالمي سوف
يوجهه إلى شركات المحمول والفضائيات أو الدولة
الحديثة. وربنا يرحمني.

هذه هي لهجة العلم المطلق التي تثير غيظي.. ومع أنني لم أفهم نهاية العبارة الملتفة، فمن قال لك إن الفيروس يباد بالبصل والليمون؟ ولماذا لم تقم بتسجيل براءة هذا الاختراع العبقري؟

هناك كذلك نغمة أن الموت موعد مكتوب لا مفر منه، فمن قلة الإيمان أن نحاول تعطيله. الذين قالوا هذا كانوا أول من هرع ليعالج في الخارج عندما مرض. الله يأمرنا باجتناب الأذى وأن نتداوى.. هذا شيء بديهي لكننا ننساه وسط ضباب القدرية.

أذكر حادثة صغيرة وقعت منذ ثمانية قرون. في العام ١٣٤١م ظهر وباء الطاعون الأسود زاحفًا من قلب آسيا. بدأ الكابوس بمجموعة من التجار الإيطاليين العائدين من الصين، طاردهم التتار فاضطروا للفرار نحو أسوار ميناء «كافكا». دام حصار التتار للتجار ثلاثة أعوام، وفي ذات يوم نفدت مقذوفات التتار مما جعلهم يستعملون نوعًا جديدًا من القذائف: جثث من ماتوا بالطاعون في صفوفهم! هذه كانت أول حرب بيولوجية في التاريخ. وهكذا بدأ الوباء.. ثم عاد التجار الإيطاليون فارين لبلادهم، فبدأ الوباء يزحف معهم نحو العراق والأناضول ومصر وشمال أوروبا.. وبسببه خلت غزة وجنين ونابلس من سكانها.

عام ١٣٥٠م أعلن البابا «كليمنت السادس» تحديد العام للحج

إلى الفاتيكان طلبًا لرفع الوباء عن المسيحيين، ولكي يتطهر الناس من الخطيئة. هذه كانت أسوأ فكرة ممكنة، لأن مليونًا ونصفًا من الحجاج قصدوا الفاتيكان، لم يعد منهم سوى العُشر.

خلاصة القصة: عندما ينتشر الوباء، فليس من الحكمة أبدًا أن تضع ملايين البشر في مكان واحد، وهذا ينطبق على الحج والعمرة والمدارس والمباريات ودور السينما وكل شيء.. نحن في ظروف حرجة وعلينا أن نتعامل على هذا الأساس.

يمتلك فيروس إنفلونزا الخنازير (H1N1) خاصية رهيبة تتميز بها فيروسات الإنفلونزا «أ» عامة، هي أنه يقوم داخل الخلية بتفكيك نفسه إلى ثمانية أجزاء ويقوم بتبادلها مع فيروس آخر فيما يدعى بعملية إعادة التصنيف (reassortment).. وهكذا يولد فيروسان جديدان تمامًا.. يمكن تخيل اختلاط الفيروسات القادمة من الصومال مع القادمة من ماليزيا ومصر وألمانيا وتركيا.. أية أمزجة عبقرية تقاوم كل علاج سوف تُنتِج؟

تبدأ البشائر مع إصرار أصحاب الموالد ـ مسلمين كانوا أو مسيحيين ـ على إقامة الموالد في موعدها مهما كان الثمن. ليس الموضوع حماسًا دينيًّا خالصًا، ولكن الحسابات الاقتصادية تلعب دورًا مهمًّا هنا.

لكن ماذا عن الحج والعمرة؟ هل مصر قادرة فعلًا على عمل حَجْر صحي محكم لكل عائد من الحج والعمرة؟ وهل هي قادرة على فرز الذين هم في فترة الحضانة ولم ترتفع حرارتهم، ويمكنهم المرور بسلام من أي مسبار حراري؟

الحقيقة هي أن السلطات السعودية فعلت شيئًا مشابهًا من قبل، فمنعت في عام ٢٠٠١ مواطني أوغندا من دخول الأراضي المقدسة لأداء مناسك الحج نتيجة انتشار مرض إيبولا القاتل في بلادهم، كما ألزمت عددًا من الدول الموبوءة بتقديم شهادة تطعيم ضد الحمى الصفراء سارية المفعول، وشهادة أخرى تفيد بإبادة الحشرات والبعوض على الطائرات القادمة من هذه الدول، كما منعت حجاج هذه الدول من جلب أي مواد غذائية معهم.

روى مالك أن عمر بن الخطاب رضي الله عنه رأى امرأة مجذومة تطوف بالبيت، فقال لها:

ـ يَا أمة الله لا تؤذي الناس، لَوْ جلستِ في بيتك.

فجلستْ، فمر بها رجل بعد ذلك، فقال لها:

ـ إِنَّ الَّذِي كَانَ قَدْ نهاكِ قَدْ مات فاخرجي.

فقالت:

ـ ما كنتُ لأطيعه حيًّا وأعصيه ميتًا.

الخلاصة: يجب أن ننتظر العائدين من العمرة، وهم يشكلون عينة صغيرة لما سيحدث بعد موسم الحج، وسوف يكون استقبالهم بروفة مصغرة لما تقدر وزارة الصحة على عمله. يجب أن يكون بروتوكول الحَجْر الصحي صارمًا.. يجب أن تكون التعليمات الصحية جزءًا ثابتًا من خطب الدعاة حتى يثبِّتوها في الأذهان، ولنأمل أن ينتهي هذا الكابوس، فلا يقول من يبقى منا حيًّا بعد عام: ليت الحكومات كانت أكثر صرامة وتشددًا.

هبوط حاد

علمونا في مقرر الطب الشرعي أيام الكلية أن تقرير الوفاة ـ مهما تعددت الأسباب ـ ينتهي بعبارة أن هذا حدث نتيجة هبوط حاد في الدورة الدموية والتنفسية. مهما كانت طريقة الموت سواء مزق قُطّاع الطرق الرجل بطلقات الآلي على الطريق الدائري، أو داس عليه قطار، أو أصيب بالتهاب رئوي أو نوبة قلبية.. دائمًا هناك مصب واحد نهائي اسمه «هبوط حاد في الدورة الدموية والتنفسية»، وهذا المصب يعتبر مخرجًا ممتازًا لمن لا يعرف سبب الوفاة أو يريد تجاهله. يموت السجين بعد ما تلقى علقة ساخنة بالأحذية والكهرباء، فتكتب الإدارة: «هبوط حاد في الدورة الدموية والتنفسية». يموت المريض ولا يجد الطبيب تفسيرًا لوفاته، فيكتب أن سبب الوفاة «هبوط حاد في الدورة الدموية والتنفسية». مع عدم وجود تشريح يموت المصريون جميعًا بهبوط حاد في الدورة الدموية والتنفسية فقط ولا يوجد سبب آخر.

تذكرت هذا عندما قرأت في جريدة «الشروق» ـ تاريخ ١٨

يناير ٢٠١٤ ـ أن وزارة الصحة قالت إن وفاة الطبيبة دعاء إسماعيل محمد أحمد بالوحدة الصحية بكفر مجاهد ـ مركز السنبلاوين، محافظة الدقهلية ـ جاءت نتيجة تدهور في مؤشراتها الحيوية عقب إصابتها بسعال وضيق في التنفس، نافية ما نشرته مواقع إخبارية ومواقع للتواصل الاجتماعي حول انتقال عدوى بفيروس قاتل إليها. الطبيبة المتوفاة تبلغ من العمر ٢٥ عامًا، وكانت حاملًا في الأسبوع ٣٧ ولا تعاني أي أمراض، وفي يوم الجمعة الموافق ١٠ يناير الجاري شعرت بضيق في التنفس مع سعال، وخلال ٢٤ ساعة كانت قد نقلت للمستشفى حيث لاقت ربها. وتنفي الوزارة في كبرياء أن تكون الطبيبة أصيبت بفيروس قاتل، بل هي توفيت بسعال وضيق تنفس! يا سلام! من أين جاء السعال وضيق التنفس؟ هناك أسباب عديدة للسعال وضيق التنفس طبعًا، لكن الخبر يعتبر أن هذين العرضين ينفيان احتمال الإصابة بفيروس!

هناك درجة واضحة من الارتباك في بيانات وزارة الصحة. وهذا الارتباك يشي بأن الوضع سيئ أو سيسوء. الوزارة تصر على أن ما يجتاح المستشفيات ويقتل المرضى والأطباء عدوى تنفسية عادية، ومصر خالية من الفيروسات القاتلة، بينما يعرف أي طبيب أن هذه حالات إنفلونزا خنازير، وتقارير مختبرات وزارة الصحة تقول بوضوح إن هذا فيروس «H1N1».

يكره المرء أن يقول إنه كان محقًا، لكنني كتبت مرارًا عن أن إنفلونزا الخنازير مرض حقيقي مخيف، أودى بحياة كثيرين، لكن نظرية المؤامرة سيطرت على الناس فراحوا يتحدثون عن المرض

المختلق الذي لا وجود له، وعن عقار «تاميفلو» الذي يحقق المليارات للشركات النصابة، وعن لقاح إنفلونزا الخنازير الذي يسبب تخلفًا عقليًا وتحللًا في المخ.. كتبت عن هذا كثيرًا جدًّا في أيام مبارك، وقد تراجع الخطر لعامين ثم عاد يطل برأسه، أما إنفلونزا الطيور فلم تتراجع لحظة.

على كل حال ينبغي أن يرفع المرء درجة الشك لديه كلما أصيب بإنفلونزا يصاحبها إسهال أو إرهاق واضح أو تكسير رهيب في العظام.. أو إنفلونزا بدون تلك الأعراض اللعينة المألوفة مثل العطس وانسداد الأنف.. في مستشفيات الصدر لا ينتظرون طويلًا قبل بدء عقار «تاميفلو»، لأن المريض قد يتدهور بسرعة البرق قبل أن تصل نتائج العينات المرسلة لوزارة الصحة، وغالبًا ما يتضح أنها إيجابية.

بما أن الشيء بالشيء يذكر، فقد حان الوقت لنتكلم عن شهداء الأطباء الذين فتكت بهم عدوى تنفسية غامضة.. هذا يُذكِّرنا بالإيطالي «كارلو أورباني» الذي اكتشف مرض «السارس» التنفسي ومات به. لقد صار العدد يتزايد في كل يوم. هل هي إنفلونزا الخنازير؟ هل هو فيروس «كورونا» الذي نستورده من السعودية؟ هل هي بكتريا «ستاف أورياس» (MRSA) التي تقاوم كافة المضادات الحيوية والتي صارت مشكلة مرعبة في العالم كله؟

هناك تضارب معلومات شديد.. لا يمكن تبين الحقيقة وسط هذا الضباب. لكن شبكة الإنترنت تغلي غضبًا خصوصًا بعد استشهاد الدكتور أحمد عبد اللطيف نائب الرعاية المركزة ببنها، والذي قيل

إنه أصيب بعدوى «MRSA» من مريضة لديه في العناية كان يركب لها أنبوب قصبة هوائية.. مع الوقت يوشك الدكتور أحمد أن يصير «خالد سعيد الأطباء»، والصفحة التي تنعيه بالفعل تحمل اسم «كلنا أحمد عبد اللطيف». لقد جاءت وفاة الدكتور أحمد لتكون القشة التي قصمت ظهر البعير في علاقة الأطباء بوزارتهم وربما نقابتهم كذلك.

كان الأطباء الشباب يعانون الاضطهاد المادي.. ثم جاءت حالة الانفلات الأمني بعد الثورة، وظاهرة أقارب المرضى البلطجية الذين يضربون الممرضات والأطباء أولًا قبل أن يخبروهم بشكوى المريض.. الآن جاءت العدوى التنفسية القاتلة التي تحصد كل يوم أسماء أخرى.

ألم أخبرك أن الدكتور أسامة راشد بمستشفى المنصورة (٣٨ سنة ـ أب لثلاثة أطفال أكبرهم في أولى ابتدائي) توفي إلى رحمة الله في نفس الظروف؟ لم ينقل لمستشفى في القاهرة إلا بعد ١٩ يومًا، وبعدما توفي طبيبان آخران.. وقد سبب هذا التأخير سخطًا في النقابة. أنا أومن أن الدكتورة منى مينا شخصية باسلة نشطة، لكنها تواجه الغضب الهائل بين ما تستطيع تحقيقه فعلًا وبين مطالب الأطباء، ولا أقول أحلامهم.. يقول أحد الأطباء على النت عن الدكتور أسامة:

عارفين كمان كان بيتعامل إزاي في مستشفى الجامعة
بعد الموضوع ما طول؟ عارفين لما احتاج دواء
موجود في مركز غنيم حصل إيه؟ عارفين أخوه

الطبيب لمَّا أصر على نقله للقاهرة زي النقابة ما وعدت وكيل الوزارة عمل معاه إيه؟ عارفين الدكتور ده صرف كام في مرضه؟ عارفين الدكتور ده هيقبض معاش كام؟ وفى آخر الحكاية السؤال هو يا ترى الدور على مين فينا؟

لا أعرف إجابة هذه الأسئلة لكن من الواضح أن الإجابة عنها كارثية و«زي الزفت». جاء دور الدكتور ياسر البربري من الدقهلية ليلحق برفاقه، وقد بدأنا الكلام بذكر دكتورة دعاء. بعد هذا صار خبر وفاة طبيب بالعدوى التنفسية بابًا ثابتًا في الصحف مثل باب «السودوكو» والكلمات المتقاطعة.

لقد فجر هذا الكثير من الغضب الاجتماعي، خاصة والطبيب يقبض مبلغ ١٩ جنيهًا كبدل للعدوى، وهو يتنفس هواء ملوثًا ويقف وسط أسرة ملوثة في دماء ملوثة. بينما السلك القضائي مثلًا يحصل على ١٢٠٠ جنيه كبدل للعدوى. ما هي فرص التعرض لعدوى في المحكمة؟

وزارة الصحة تصر في كبرياء على أن الأمور مستقرة.. نشر الكثير من الأطباء صورًا للقطط التي تنام على الأَسِرَّة في مستشفيات وزارة الصحة، وتخطف طعام المرضى، فكان رد وزيرة الصحة الدكتورة مها الرباط أنه يجب أن يكون الطبيب إيجابيًّا ويهش القطة! على الطبيب الصالح أن يهش القطط وينش إذن، ويلعب التايكوندو مع أقارب المريض الذين يحملون السنج، ويبتسم للمرضى ويقرأ أحدث المراجع ويكون رائعًا.. لماذا؟ لأنه ابن الجارية طبعًا.

ماذا يقتل الأطباء؟ هل تقدم وزارة الصحة بيانًا واضحًا شفافًا؟ سيظل الأمر لغزًا مثل أمراض الصيف المعدية والسحابة السوداء، لكنْ لدينا تفسير سهل واضح يريح الجميع: قتلهم هبوط حاد في الدورة الدموية والتنفسية!

حمى عدم اليقين

حمى «كيو».. مرض قديم يعرفه كل طالب طب، ينقله ميكروب اسمه «كوكزيلا برنتي» الذي يمت بصلة قرابة للتيفوس. تم وصف المرض في أستراليا منذ قرن تقريبًا والميكروب معروف منذ عام ١٩٣٧. هذا المرض ينتقل عن طريق الخراف والماعز إلى الإنسان بوساطة الاستنشاق واللبن غير المغلي. في المناطق الريفية في مصر يمكن القول إن كل طفل أصيب به يومًا ما. الأعراض عامة ومبهمة جدًّا لهذا سمي هذا المرض «حمى كيو (Q) بمعنى «Query» أو «عدم اليقين»، لكنها قد تشبه الإنفلونزا، والأشعة على الصدر تريك ظلالًا من الالتهاب، وقد يحدث التهاب في صمامات القلب التالفة أصلًا. عامة يستجيب المرض بسهولة لبعض كبسولات «التتراسيكلين» أو «السلفا» وتنتهي المشكلة، ومن السياسات العامة التي تعلمتها أيام الوحدة الريفية أن تجرب «التتراسيكلين» مع هذه الحميات الغامضة لو لم يكن هناك مانع طبي، لأن فرصة عمل اختبارات معقدة شبه مستحيلة مع إمكانياتنا، ولأن «التتراسيكلين» قد يقضي على مرض «اللجيونيلا» و«السيتاكوزس» بالمرة.

المرض قديم كما قلت ومتوطن في مصر.

لماذا قررت الصحف إذن أن «إنفلونزا المعيز تجتاح العالم»، بينما بدأ الأمر بخبر في موقع غربي يقول إن هولندا تواجه انتشارًا لحمى «كيو»؟

هي ليست إنفلونزا على الإطلاق، ففيروس الإنفلونزا لا يسببها، وهي قابلة للعلاج بالمضادات الحيوية العادية، ومنظمة الصحة العالمية لم تستعمل سوى اسم «حمى كيو».. وهي لا تجتاح العالم.. لقد كانت موجودة في مصر طيلة الوقت، ولا أستبعد أن يكون الصحفي الذي كتب الخبر نفسه مصابًا بها. منتهى الجهل وعدم المسؤولية واستغلال الفرص والأنانية، وعدم التدقيق والبحث عن الإثارة بأي شكل، وهكذا التقطت كل الصحف ومواقع الإنترنت الخبر وصارت هناك ظاهرة جديدة اسمها «إنفلونزا المعيز»، وجاء اليوم الذي يسألني فيه سائق التاكسي:

ـ حنعمل إيه في إنفلونزا المعيز دي يا باشمهندز؟

قلت له إنني لست مهندسًا لكنني طبيب أمراض معدية، وكل هذا كلام فارغ، فراح يهز رأسه ويمصمص شفتيه مع ترديد «يا سلام»، مبديًا انبهاره بدقتي العلمية وأنا أشرح له ما هي حمى «كيو» هذه، ثم في النهاية قال في أسى وهو يتصعب:

ـ مشكلة إنفلونزا المعيز دي فعلًا...!

لا جدوى.. لا أحد يصغي لأحد في هذا العالم.. كل كلامي قد نزل في البالوعة.

المشكلة ليست إنفلونزا المعيز، بل هذا التكاثر السرطاني

لمساحات النشر في الصحف ومواقع الإنترنت والفضائيات. هذا لم يؤدِّ لحيوية الديمقراطية، بل فتح المجال لنشر الكلام الفارغ.. إن مصر تعاني فعلًا من حمى «كيو» أو حمى عدم اليقين. هذه المساحات يجب أن تُملأ: بالرأي.. بالفكر.. بالأخبار الكاذبة.. بالأسمنت والطوب.. المهم أن تُملأ.

في صحيفة مختصة بالجرائم وجدت منذ عامين خبرًا مثيرًا على الصفحة الأولى: «حشرة غريبة تثير الرعب في الزقازيق وتقتل ٧٠٠ مواطن.. الحشرة تنقل الكوليرا بعضتها!».

أبسط شيء أن الكوليرا لا تنتقل بلدغ الحشرات.. كل تلميذ في الابتدائي يعرف هذا، ومعنى ذلك ببساطة أن المحرر ساقط ابتدائية. أما عن صورة الحشرة ذاتها فصورة بالمجهر الإلكتروني لنوع من «الحلم» الذي يعيش في طبقات الجلد الميتة السطحية ويأكلها، ويسبب نوبات الربو لدى المرضى. طبعًا عندما تُكبَّر صورته تصير أقرب للقطة من فيلم خيال علمي مرعب.

المهم هو البيع.. المهم هو ملء الصفحات، وليذهب المنطق العلمي للجحيم، والأهم فليذهب القارئ العادي للجحيم، ذلك الذي سيصاب بالهلع وهو يشعر أن الحياة كلها ضده.. لقد خرج الموت ليظفر به هو وأطفاله.

الآن نأتي لجريدة مستقلة محترمة واسعة الانتشار (برضه ليست «الدستور»!) نشرت في الصفحة الأولى منذ أعوام خبرًا يقول ما معناه إن أسدًا في حديقة حيوان الجيزة التهم لحم حمار مصاب بجنون البقر.. النتيجة أن الأسد جُن وأصابه هياج فظيع مما اضطر

السلطات لقتله رميًا بالرصاص. طبعًا لا أحد يذكر هذا الخبر لكني قصصته من الجريدة عالمًا أنني سأكتب عنه يومًا ما.

من كتب هذا الخبر؟ هل كان بكامل قواه العقلية؟ ومن رئيس التحرير الذي سمح له بهذا؟ هل الحمير تصاب بجنون البقر؟ وهل المرض ينتقل للأسود؟ وهل يسبب اللحم المرض خلال دقائق بينما نحن نعرف أن الأمر يستغرق نحو عشر سنوات؟ وهل جنون البقر يسبب الهياج، بينما نحن نعرف أنه مجرد نوع من فقدان التوازن يجعل الأبقار تمشي كالسكارى؟

أما عن التوالد الذاتي لمقال «سارة ستون» وكلام النصاب الأمريكي «هوروفيتز» والولية وزيرة الصحة الفنلندية المزعومة، فظاهرة تثير الإعجاب فعلًا. كلما حسبت الناس نسيت هذا الكلام الفارغ عاد للسطح بقوة في مقال في جريدة هنا أو هناك: «لا تأخذوا اللقاح».. «اللقاح فيه سم قاتل».. «اللقاح مؤامرة لجعل نصف البشر أغبياء متخلفين عقليًا ومشلولين».. «إياكم و«السكوالين».. «السكوالين» يقتل يا حلوين».. ..

وها هي ذي جريدة «الدستور» تخصص نصف صفحة من عددها الأسبوعي لتعيد نشر كلام «هوروفيتز» و«سارة ستون»، برغم أن «سارة ستون» كتبت مقالها عن مخاطر اللقاح قبل أن تُنتج من اللقاح جرعة واحدة. وهل الوقت وقت هذا الكلام غير العلمي بينما المرض يزداد توحشًا؟ هناك خبر يقول:

كشفت خبيرة اللقاحات بمنظمة الصحة العالمية
«ماري بولي» عن الاشتباه في إصابة ما لا يقل عن

١٢ شخصًا من مختلف دول العالم بالشلل نتيجة حقنهم باللقاح المضاد لإنفلونزا الخنازير. وأضافت: «لم يثبت بالدليل القاطع ارتباط أي من حالات الإصابة بمتلازمة «جيَّان باريه» باللقاح حتى الآن».

هل فهمت أي شيء؟ هناك ١٢ شخصًا أصابهم اللقاح بالشلل لكن لم يثبت أن اللقاح أصابهم بالشلل!

هناك موقع إنترنت أعلن في انتصار عن وفاة تلميذ مصري أخذ اللقاح، ثم تقرأ الخبر فتكتشف أنه يتحدث عن الطفل الذي أصيب بإنفلونزا الخنازير، ومات عقب جرعة من «الفولتارين». السبب أن الأخ محرر الخبر ظن أن اللقاح اسمه «فولتارين». وبهذه المناسبة أعتقد أن عقار «دايكلوفيناك» أو «فولتارين» تلقى ضربة قوية جدًّا بعد هذه الدعاية السيئة له برغم أنه من أهم الأدوية في ترسانة مضادات الالتهاب/ مخفضات الحرارة. لماذا وضعته وزارة الصحة في قائمة الممنوعات بهذه السهولة برغم أن أحدًا لم يتهمه بشيء سوى في بعض حالات التهاب المخ في اليابان، وهذا كلام قديم؟ اليوم يمكن أن يمزق المريض طبيبه لو كتب له «دايكلوفيناك»، ولسوف تكتب الصحف صفحات كاملة عن مسلسل الجهل لدى الأطباء.. يلَّا.. خلي الناس تقرا وتنبسط.

الآن صارت مشكلة المواطن المصري مزدوجة: اللقاح قاتل ويُحدث شللًا، اللقاح غير متوافر ويُعطَى للمحظوظين فقط! هذا يذكرك بكلمة «وودي آلين» الساخرة: «الحياة قاسية مليئة بالآلام، لكنها كذلك قصيرة.. قصيرة جدًّا!».

هناك عشرات المشاكل تواجه مصر اليوم، بدءًا بالتوريث، مرورًا بمياه النيل والتعليم والبطالة.. وانتهاء بإنفلونزا الخنازير. لكنني أضيف لها خطرًا يعبث عبثًا مروعًا في عقل المواطن الذي يصدق كل شيء ويشك في كل شيء.. هذا الخطر هو النشر غير المسؤول أو الجاهل أو معدوم الضمير.

الحل

الأستاذ مزروع هو الحل

ولت أيام المدرسة.. أيام الحواديت وقضم الأظفار

لكن كيف تشكر شخصًا رافقك في رحلتك من أيام الألوان الشمع

حتى طلاء الشفاه؟

ليس هذا سهلًا لكن سأحاول

لو أردت السماء لكتبت عليها بحروف ارتفاعها ألف قدم: «إلى

أستاذي مع حبي»

أعرف وأنا أرحل أنني أفارق أفضل صديق لي

صديق علمني الصواب من الخطأ، وعلمني الضعف من القوة،

وهو درس عظيم حقًّا

لو أردت القمر فلسوف أحاول البدء به، لكنني سوف أمنحك قلبي

وأقول: «إلى أستاذي مع حبي»

هذا مقطع من كلمات الأغنية المؤثرة «إلى أستاذي مع حبي»؛ أغنية

الفيلم البريطاني الذي عُرض في مصر باسم «مدرسة المشاغبين»،

وكانت شهيرة جدًّا في أواخر الستينيات. أتذكر هذه الأغنية بشكل

ملحٌّ هذه الأيام وأنا أقرأ تصريحات أوائل الثانوية العامة التي صارت تكرر ثلاث نغمات أبدية: ١ ـ الفضل لله ثم للدروس الخصوصية. ٢ ـ لم نعد نذهب للمدرسة إلا للعب كرة القدم. (أي أن المدرسة تحولت إلى نادٍ كبير للعب ولا تصلح لشيء آخر). ٣ ـ الكتب الخارجية هي الأساس والكتاب المدرسي لا قيمة له. (أي أن مبلغ ٥, ١ مليار ـ لو صح الرقم ـ تنفقه الوزارة عليه يضيع هدرًا). كانت اعترافات المتفوقين في الماضي تركز بشدة على أهمية المدرسة وتنفي الدروس الخصوصية باعتبارها عارًا، وحتى فترة قريبة جدًّا كان من يتعاطى الدروس الخصوصية يخفي ذلك كأننا نتكلم عن تعاطي المخدرات. متى وكيف صار هذا مصدر فخر؟

أتذكر أيام المدرسة، وأشعر بأن الفارق بين مدرسة الماضي ومدرسة الحاضر يلخص كل شيء طرأ على مصر والمصريين. في ذلك الزمن لم يكن الأستاذ قد تحول إلى «مستر»، ولم تكن الأبلة قد تحولت لـ«مس»، وبالتأكيد لم تتحول الرياضيات إلى «ماث». كنت في مدارس مجانية لكني تعلمت على أيدي أعظم أساتذة على الإطلاق، ولولا أننا كنا مراهقين قليلي الأدب للثمنا أقدام هؤلاء صباحًا ومساء. أتذكر بالذات الأستاذ محمد مزروع أستاذ اللغة العربية والدين الذي علمنا عشق اللغة العربية، وكان يدرك أنه يتعامل مع مراهقين يتحسسون خطواتهم الأولى نحو عالم الرجولة، لهذا لم يكن عمله يقتصر على التدريس، بل كان يراقب خطواتنا المرتبكة هذه ويسدي لنا النصح.. «لماذا كنت في الشارع وحدك الساعة العاشرة مساء أمس يا فلان؟». «لماذا اشتبكت باللكمات مع محمود يا فلان؟».

ريفي شديد التدين والكبرياء وواسع الأفق، وبرغم أنه لم يكن يضرب إلا نادرًا فإن هيبته كانت قوية. لا أعرف إن كان الأستاذ مزروع سيقرأ هذه السطور أم لا، لكني سأشعر بالخجل الشديد لو فعل لأنه قادر على أن يستخرج مائة خطأ لغوي على الأقل.

في حصة المحفوظات ـ وكان في الصف طلاب أقباط بطبيعة الحال ـ ينهض صاحبي معلقًا على بيت من الشعر قائلًا إنه يثبت أن المسيح لم يُصلب كما يزعم المسيحيون. صاح فيه الأستاذ مزروع:

ـ خلاص.. اقعد!

عاد صاحبي يكرر ما قال، فانفجر الأستاذ مزروع غاضبًا:

ـ قلت لك اخرس.. يعني خلاص؟ الامتحان مش حييجي إلا في الحتة دي؟ المواضيع دي يا أولاد لا تُثار إلا في حصة الدين لما نكون وحدنا.. غير كده تبقى جرح مشاعر.

درس آخر لن ينساه الطلاب. هل كان الرجل علمانيًا أو قليل التدين؟ بالطبع كان من أكثر من عرفت تدينًا لكنه التدين السمح الذكي الذي يحترم الآخر، ولا يسعى في صلف لكسب حقده.

القائمة طويلة: الأستاذ سعد الخضري، يظهر ليلقنك القواعد الأولى للغة الإنجليزية.. القواعد التي ستظل معك طيلة حياتك، وستجعل إنجليزيتك ممتازة برغم أنك لم تقرأ أو تكتب حرفًا إنجليزيًا قبل الصف الأول الإعدادي. إنه يتلمظ بشفتيه كلما ركب عبارة إنجليزية ليتأكد من أنها «طِعمة ولَّا مش طِعمة»، وحتى اليوم كلما قلت جملة بالإنجليزية أسأل نفسي: «طِعمة ولَّا مش طعمة؟».. هل كان الرجل العظيم سيقبلها أم يرفضها في اشمئزاز؟ سأحدثك عن

أستاذ مجدي عبد المسيح الذي راح يشرح لنا تركيب الـ«DNA» والحمض النووي الرسول و«الريبوزوم» حتى بُح صوته، وعندما صِحنا في احتجاج أننا تعبنا صاح في توتر:

ـ لازم تخرجوا من هنا فاهمين الكلام ده.. لو ما فهمتوش دلوقت مش حاتفهموه طول حياتكم!

تذكرت صيحته هذه وأنا أدرس هذا الكلام بالتفصيل في كتب الطب.. الأمر أكثر تعقيدًا بالطبع لكن الأساس موجود.

وماذا عن أستاذ محمد القاضي الذي علمنا لأول مرة علمًا اسمه التجويد؟ وماذا عن تثقيفه المستمر لنا في تلك السن الخطرة؟ وكيف حدثنا عن الجِماع والاستمناء من الناحية الشرعية؟ بعض المدرسين عرفوا أن كسب هذه السن الصعبة يحتاج إلى مزيج من الصداقة والشدة وربما بعض الدعابات الخبيثة يدسونها هنا وهناك، بحيث تكسب المراهقين وتضحكهم دون أن تُعتبر ابتذالًا.. ومن قال إن التدريس فن غير شاقٍّ؟

وماذا عن أستاذ فتحي موسى ومعادلات الدرجة الأولى وقواعد ضرب الأقواس؟ الأستاذ صالح مدرس اللغة الإنجليزية وحرصه الدائم على أن نكتب ثلاث أو أربع مترادفات لكل كلمة جديدة.

وماذا عن أبلة منيرة العدوي، التي تسلمت تلك الأمانة في البداية؟ مجموعة من أحباب الله أقرب إلى قطط صغيرة وليدة لا تعرف شيئًا عن أي شيء.. وكيف جعلتهم يكتبون ويحسبون ويرسمون.. أذكر صوتها المبحوح قليلًا وهي تحكي لنا قصة الإسراء والمعراج وقصة سيدنا إبراهيم.. لقد نسيت الكثير جدًا مما تعلمته لكن ما لقنَته لي

باقٍ.. هذه من اللحظات التي يوشك فيها المعلم أن يكون رسولًا فعلًا، وما زلت حتى اليوم وأنا أدنو من الخمسين ألقي بالسيجارة من يدي لو لمحت أحدهم قادمًا من بعيد.

من قال إنهم لم يكونوا يعطون دروسًا خصوصية؟ كانوا يعطون لكن لطلبة المدارس الأخرى أو الفصول الأخرى الذين لا يُدرسون لهم في المدرسة، وكان ذلك بصورة سرية هامسة. عدا ذلك لم تنتقص الدروس شيئًا من الجهد الذي يبذلونه في الفصل. لكن الموضوع أكثر تعقيدًا من أن تتهم مدرس اليوم بأنه أقل مستوى من هؤلاء أو أنه أكثر جشعًا.. الحياة نفسها أكثر تعقيدًا.. المتطلبات أكثر. في الماضي كان ما يحصل عليه المدرس يكفيه، فإذا استزاد كانت الدروس الخصوصية كافية، ثم تأتي الإعارة إلى ليبيا وسواها، وهذه تكفي لشراء قطعة أرض بملاليم يبني عليها بيتًا صغيرًا، وتكفي لزواج البنتين.

إن الحياة تزداد تعقيدًا بطموحاتها والسعار الاستهلاكي الذي أصاب المجتمع، دعك من تغير سيكولوجية الناس ذاتها بحيث صارت الدروس الخصوصية حاجة اجتماعية ملحة بين التفاخر والخوف من التقصير في حق العيال. يقولون إن سوق الدروس الخصوصية سنويًا تقدر بـ١١ مليار جنيه، والبعض يرتفع بالرقم إلى ١٤ مليار جنيه. لكن مَن الذي يطالب مدرس اليوم بأن يكتفي براتب الوزارة لتفترسه الحياة افتراسًا؟ من يقنع الأهالي بأن يعطوا المدرسة فرصة؟ هناك مدارس قامت بتجارب ممتازة وكونت مجاميع داخلية، لكن ثقافة الدروس الخصوصية هزمتها. نحن إذن

في دائرة شيطانية: لماذا نحترم المدرسة والمدرسون لا يلتزمون؟ لماذا يلتزم المدرسون والطلبة لا يحترمون المدرسة؟ نحن في أغسطس لكن الكل قد حجز مواعيد دروس العام القادم، وصدرت الكتب الخارجية كلها، وكل طالب يعرف أنه لن يذهب للمدرسة بعد شهر.. سوف تتحول المدرسة إلى ملعب كرة قدم كبير لا أكثر. هل تتوقع أن تتم أية عملية تعليمية جادة في ظروف كهذه؟ ومن يقدر على وقف هذا القطار؟

المشكلة كبيرة وحلُّها يحتاج إلى ثورة كالتي قامت بها الولايات المتحدة في الستينيات بعدما غزا السوفييت الفضاء، وكل خبير تربوي عندنا يعرف التشخيص والعلاج جيدًا لكنه لا يملك سلطة تنفيذية. أعرف أن هناك مَخرجين وحيدَين لمشاكل مصر. هذان المَخرجان هما الديمقراطية والتعليم. الديمقراطية ليست في أيدينا لأسباب معروفة.. إذن يبقى التعليم.. بمعنى آخر: الأستاذ مزروع هو الحل!